Hochspannungs-Isolatoren

Einige technische Mitteilungen aus der Porzellanfabrik
Ph. Rosenthal & Co. A.-G., Selb

von

Dr.-Ing. Ernst Rosenthal

Mit 50 Textabbildungen

Springer-Verlag Berlin Heidelberg GmbH 1921

ISBN 978-3-662-32070-9 ISBN 978-3-662-32897-2 (eBook)
DOI 10.1007/978-3-662-32897-2
Softcover reprint of the hardcover 1st edition 1921

Vorwort.

In vorliegender Broschüre habe ich einige Fragen beantwortet, die aus dem Kreise unserer Kundschaft, von Ingenieuren der Elektrizitätsgesellschaften und Überlandzentralen häufig an uns gerichtet werden. Auf manche Fragen, wie auf die Frage der richtigen Formgebung im Hinblick auf die mechanische Festigkeit und die richtige Beschaffenheit der Kittflächen bin ich ausführlicher eingegangen. Andere Fragen, wie die Spannungsverteilung auf den Einzelisolatoren und den Isolatorenaggregaten, habe ich vorerst nur gestreift, doch hoffe ich, denjenigen Kunden, die sich mit dem Isolatorenproblem beschäftigen, in knapper Form die heute aktuellsten Fragen einigermaßen erschöpfend beantwortet zu haben und ihnen überhaupt ein Bild über den Stand der Isolatorenfabrikation und über die Fortschritte, die der Isolatorenbau im Laufe der letzten Jahre gemacht hat, entworfen zu haben.

Inhaltsverzeichnis.

I. Freileitungs-Stützenisolatoren.

Die Freileitungs-Stützenisolatoren für Hochspannung werden in Deutschland vorwiegend in der Form der Dreimantelglocke hergestellt. Maßgebend hierfür sind die Bestrebungen in Deutschland, für Freileitungs-Stützenisolatoren einheitlich konstruierte Isolatoren zu verwenden. Sowohl die konstruktive Gestaltung der äußeren Formgebung als auch die Dimensionierung des Isolators wird von den einzelnen deutschen Porzellanfabriken, welche Hochspannungsisolatoren herstellen, soweit sie in den Vereinigten Porzellan-Isolatoren-Werken vereinigt sind, einheitlich ausgeführt, jedoch ist die innere Durchbildung der Isolatoren (d. h. die innere Durchbildung der Einzelteile, aus denen sich der Isolator zusammensetzt, sowie die Art und Weise der gegenseitigen Befestigung dieser Einzelteile) den einzelnen Isolatorwerken überlassen, so daß dem technischen Fortschritt und der weiteren Vervollkommnung der Stützisolatoren keine Schranken gezogen sind.

Äußere Formgebung.

Die äußere Formgebung des Hochspannungs-Stützenisolators geht vor allem von dem leitenden Gesichtspunkt aus, seine Überschlagsicherheit im Verhältnis zur Größe und zum Gewicht möglichst zweckmäßig und wirtschaftlich zu gestalten und außerdem den Isolator so zu konstruieren, daß er auch mechanisch möglichst günstig beansprucht wird. Die Ausführung dieser beiden Forderungen hat dazu geführt, daß die Stützisolatoren verhältnismäßig hoch und schlank ausgebildet werden. Die deutschen Stützenisolatoren sind heute durchgängig so ausgebildet, daß die Halsrille tiefer liegt als wie das Ende der in das Gewindeloch eingehanften Eisenstütze, so daß das Porzellan lediglich auf Druck und nicht auf Biegung beansprucht wird. Die mechanische Festigkeit der Stützenisolatoren ist demzufolge auch so groß, daß eine Zertrümmerung des Isolators durch mechanischen Zug vollständig ausgeschlossen ist. Bei Verwendung selbst stärkerer Eisenstützen als wie jeweils für den Isolator vorgesehen sind, wird durch Zug eines an der Halsrille befestigten Seiles auf jeden Fall die Stütze umgebogen, ohne daß der Isolator beschädigt wird. Dies wird in der Abb. 1 veranschaulicht. Im Gegensatz zu der deutschen Konstruktion hat sich in Amerika

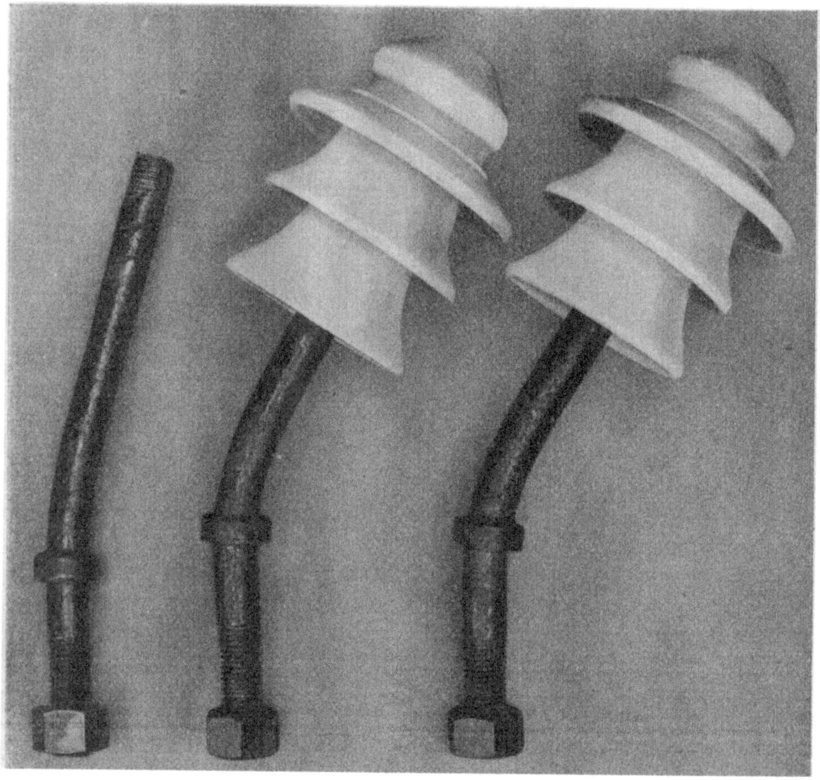

Abb. 1.

eine andere äußere Formgebung der Stützenisolatoren herausgebildet, und zwar werden dort die Isolatoren wesentlich kürzer und breiter gehalten, und im Verhältnis zur Größe dicke Porzellanscherben verwandt, so daß bei gleichen Überschlagsdaten das Gewicht des einzelnen Isolators größer ist. Diese Konstruktion wird bedingt durch die geringere Durchschlagsfestigkeit des amerikanischen Porzellans, welches nicht so stark durchgebrannt und homogen verglast ist wie das deutsche Porzellan, oder aber durch Verwendung von Flußmitteln eine tiefe Gaibrandtemperatur besitzt, so daß die einzelnen Isolatorteile eine größere Wandstärke erhalten müssen, um auch der in Amerika geltenden Forderung gerecht zu werden, daß auch das Einzelteil eine wesentlich höhere Durchschlagsfestigkeit haben muß als wie die Überschlagsspannung desselben beträgt. Ferner unterscheiden sich die amerikanischen Stützisolatoren in der äußeren Formgebung wesentlich dadurch von den deutschen, daß das Porzellan nicht auf Druck, sondern ausgesprochen auf Biegung beansprucht wird, da die Halsrille wesentlich höher liegt als wie das obere Ende der Isolatorstütze. Selbst moderne Isolatorkonstruktionen mit verhältnismäßig schlanker Formgebung weisen noch dieses Merkmal auf, wie Abb. 2 (Isolator Nr. 571 der Lapp Insulator Co. Le Roy, N. Y.) zeigt. Im Versuchsfeld der Porzellanfabrik Rosenthal vorgenommene Versuche haben ergeben, daß bei diesen Isolatoren der Kopf leichter abgerissen werden kann, als wie die Stütze gebogen wird, so daß in dieser Hinsicht zweifellos die deutsche Konstruktion vorzuziehen ist. Auf eine große mechanische Festigkeit der Stützisolatoren muß heute besonderer Wert gelegt werden, da infolge des Weitspannsystems und durch die Verwendung von Aluminiumleitungen hohe mechanische Anforderungen an den Isolator gestellt werden. Durch eine Vergrößerung des Stützloches zur Verwendung besonders starker Stützen und durch eine besonders kräftige Ausführung des Isolatorkopfes und entsprechende Formgebung der Halsrille kann die mechanische Festigkeit des Stützisolators noch weiter gesteigert werden. Bei der Wahl der äußeren Formgebung mußte vor allem auch der Forderung Rechnung getragen werden, daß der Gesamtisolator einerseits einen möglichst hohen Überschlagswert bei Regen besitzt, und anderseits seine Durchschlagsfestigkeit so hoch ist, daß er auch in trockenem Zustand auf jeden Fall eher überschlägt als wie durchschlägt. Auf diese Forderung wird in letzter Zeit besonderer Wert gelegt, da eine zu hohe Überschlagsfestigkeit im Verhältnis zur Durchschlagsfestigkeit auf jeden Fall gefährlich ist. Bei der Konstruktion der Stützenisolatoren ist dieser Forderung weitgehendst Rechnung

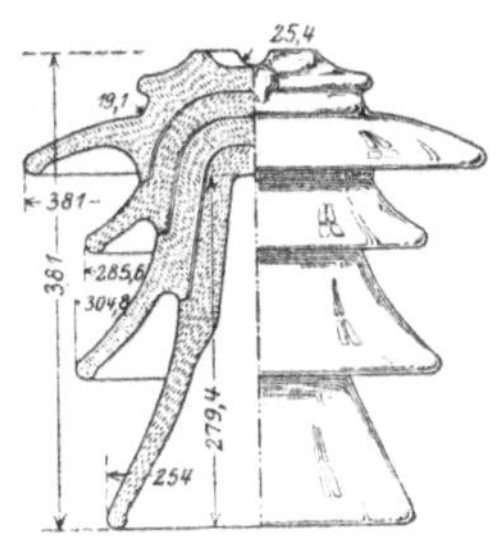

Abb. 2.

getragen. Versuche im Prüffeld haben ergeben, daß unter Hunderten von Isolatoren, deren Einzelteile vorschriftsmäßig geprüft waren, selbst bei Beanspruchungen, bei denen die Spannung während einer halben Stunde ständig bis zum Überschlagen gehalten wurde, Durchschläge nur ganz vereinzelt erfolgten.

Innere Ausgestaltung der Stützenisolatoren.

Um für die hohen Spannungen genügend große Überschlagswerte im nassen und trockenen Zustand zu erzielen, ist es notwendig, den Stützisolatoren eine derartige Größe zu geben, daß diese einteilig nicht mehr hergestellt werden können. Die Versuche, welche zur Feststellung der Durchschlagsfestigkeit des Porzellans vorgenommen wurden, haben ergeben, daß die Durchschlagsfestigkeit nicht mehr proportional der Dicke des Porzellanscherbens zunimmt und daß von einer Dicke von etwa 20 mm ab eine Verstärkung des Scherbens die Durchschlagsfestigkeit verhältnismäßig nur wenig erhöht. Aus diesem Grunde und aus fabrikationstechnischen Gründen ist man dazu übergegangen, die Stützisolatoren zu unterteilen und aus mehreren einzelnen Teilen herzustellen, die gesondert gebrannt und erst nach dem Brennen zusammengefügt werden. Die einzelnen Isolatorteile können dann vor dem Zusammenfügen einzeln elektrisch geprüft werden, und jedes Isolatorteil bietet dann Gewähr dafür, daß keine Fabrikationsfehler in den einzelnen Teilen vorhanden sind, wobei zu beachten ist, daß ohnehin die verhältnismäßig dünnwandigen Einzelteile mit ihrer gleichmäßigen Wandstärke die Möglichkeit zu Fabrikationsfehlern von vornherein vermindern. Da die Überschlagsspannung des fertig montierten Isolators kleiner ist als die Summe der Überschlagsspannungen der einzelnen Teile, so besitzt ein zusammenmontierter mehrteiliger Isolator, dessen Einzelteile bis zum Überschlag geprüft worden sind, eine außerordentliche Sicherheit gegen Durchschlag. Ferner erhält ein mehrteiliger Isolator auch dadurch eine besondere Sicherheit, daß, wenn aus irgendwelchen mechanischen oder elektrischen Gründen ein Isolatorteil zerstört wird, trotzdem ein Durchschlag des Gesamtisolators nicht erfogt. Voraussetzung für die Herstellung mehrteiliger zusammengesetzter Isolatoren ist selbstverständlich, daß die Vereinigung der einzelnen Teile in durchaus sachgemäßer Weise erfolgt und daß die Konstruktion der Einzelteile schädliche Einflüsse des Kittmaterials von vornherein ausschließt. Hierüber wird im nächsten Abschnitt noch ausführlich gesprochen werden. Die erheblichen Vorteile, welche zusammengesetzte Isolatoren bieten, haben die Porzellanfabrik Ph. Rosenthal & Co. A.-G. veranlaßt, die Stützisolatoren mehrteilig herzustellen. Die in den Prüffeldern angestellten Versuche, insbesondere die Durchschlagsversuche, haben jedoch ergeben, daß die zusammengekitteten Isolatoren in Hinsicht auf die Durchschlagsfestigkeit erst von einer bestimmten Größe an den einteiligen oder zusammenglasierten Isolatoren gegenüber Vorteile besitzen. Da bei verhältnismäßig kleinen Isolatoren mit nicht zu großen Scherbenstärken eine Unterteilung des Porzellanscherbens keine höheren Durchschlagswerte ergibt und da fernerhin die Fabrikation kleiner einteiliger oder zusammenglasierter Stützisolatoren fabrikatorisch keine Schwierigkeiten macht, sind wir im Laufe der letzten Jahre dazu übergegangen, die Isolatoren für Spannung bis 25000 Volt zusammenzuglasieren oder auch einteilig herzustellen. Zusammenglasierte Isolatoren werden in der Weise hergestellt, daß die einzelnen Isolatorteile in der Dreherei zwar gesondert hergestellt und getrocknet werden, aber bereits beim Einsetzen in den Ofen zusammengesetzt werden. Die Teile, an welchen sich die Isolatoren berühren, müssen gut aufeinanderpassen und mit einer Spezialglasur versehen sein. Durch das Flüssigwerden der Glasur bei der Garbrandtemperatur und durch das nachherige Erstarren derselben werden die Einzelteile fest miteinander verbunden. Dieser Fabrikationsprozeß muß in durchaus sachgemäßer Weise vorgenommen werden, um spätere Schäden zu vermeiden. Auch hierüber wird im nächsten Abschnitt noch näher gesprochen werden.

Erfahrungen, die mit den verschiedenen Isolatorkonstruktionen gemacht worden sind.

In allen Fachzeitschriften, sowohl des Inlandes sowie des Auslandes, ist viel von den Defekten, welche an den Stützisolatoren aufgetreten sind, geschrieben worden, und auch in den Verhandlungen der Vereinigungen und Verbände der Elektrizitätswerke und der Elektrizitätsindustrie ist viel von diesen Erscheinungen die Rede. Tatsächlich hat es sich herausgestellt, daß nach vier bis fünf Jahren eine große Anzahl von Isolatoren im Kopf und an der Halsrille feine Risse bekommen haben, welche die Ursache für elektrische Durchschläge geworden sind. Derartige Risse sind ausschließlich bei gekitteten Isolatoren aufgetreten. Die äußere Form dieser Risse ist durchaus charakteristisch und ist bereits verschiedentlich beschrieben worden[1]). Da diese Zerstörungen einen sehr großen Umfang angenommen haben und auch schwere Leitungsstörungen verursacht hatten, hatte in den Verbraucherkreisen eine lebhafte Beunruhigung Platz gegriffen, besonders da in der ersten Zeit die wirkliche Fehlerursache noch nicht vollständig aufgeklärt war und mancherlei ganz fehlgreifende Erklärungen gesucht wurden. Zu diesen vollständig fehlgreifenden Erklärungen gehört die Vermutung, daß das Porzellan altert und auf die Dauer nicht imstande ist, den elektrischen und mechanischen Beanspruchungen, die in der Leitung auftreten, zu widerstehen, oder aber, daß das Porzellan innere Spannungen besitzt, die sich im Laufe der Zeit auslösen und die erwähnten Risse verursachen. Es ist einwandfrei nachgewiesen, daß weder Alter noch innere Spannungen die Ursache dieser Defeekt sind. Vier Beweise unter den vielen möchte ich herausgreifen. Das erste sind die Hewlett-Isolatoren, die durch ihre Formgebung innere Spannungen außerordentlich begünstigen würden und bei denen Feld- und Spannungsverteilung eine derartige ist, daß das der Leitung zunächst liegende Glied einen außerordentlich hohen Bruchteil der Gesamtspannung erhält und daß die zwischen den Kanälen liegenden Porzellanwandungen elektrisch außerordentlich stark beansprucht werden. Trotzdem sind Hewlett-Isolatoren Fabrikat Rosenthal schon seit 15 Jahren für sehr hohe Spannungen im Betrieb, ohne im geringsten irgendwelche Rißbildungen gezeigt zu haben. Ein zweiter indirekter Beweis, daß innere Spannungen nicht die Ursache dieser Rißbildung sind, sind die zusammenglasierten Isolatoren. Durch die bei uns vorgenommenen Messungen der Ausdehnungskoeffizienten, auf die ich später noch zurückkommen werde, ist erwiesen, daß es niemals vollständig gelingt, den Ausdehnungskoeffizienten der Glasur und den des Porzellans absolut gleich zu machen. Innere Spannungen sind also bei zusammenglasierten Isolatoren vorhanden, aber sie sind vollständig unschädlich, denn zusammenglasierte Isolatoren, selbst viel zu kleiner Dimensionierung, sind, ohne zu Defekten Veranlassung gegeben zu haben, schon seit etwa 20 Jahren im Betrieb. Drittens: Durchführungsisolatoren mit außerordentlich unregelmäßiger Formgebung, die an verschiedenen Stellen dickwandig, an andern Stellen sehr dünnwandig sind, sind Jahrzehnte im Betrieb ohne Sprünge gezeigt zu haben. Viertens:

[1]) Meyer, Zerstörungserscheinungen an Isolatoren, E. T. Z. 1919, Nr. 17, 18, 24.

Alte chinesische und japanische Porzellangegenstände, Vasen von außerordentlicher Größe mit dünnscherbigen Wandungen und dickscherbigen Füßen sind Jahrhunderte alt geworden, ohne Risse zu bekommen. Aus diesen vier Beispielen dürfte es wohl einwandfrei hervorgehen, daß innere Spannungen nicht die Ursache der erwähnten Rißbildung sind. Die Rißbildungen sind vielmehr hervorgerufen durch die Kittschicht, wenn sie unter gewissen Voraussetzungen durch den höheren Ausdehnungskoeffizienten des Kittmaterials derartige Druckwirkungen resp. Sprengwirkungen auf das Porzellan auszuüben imstande ist, daß letzteres denselben nicht mehr standhalten kann. Der Ausdehnungskoeffizient des von uns verwendeten Isolatorporzellans ist 0,0000036 im Mittel. Die Ausdehnung des Zementes ist etwa 0,000011, ist somit etwa dreimal so groß als wie die des Porzellans. Eine derartig große Ausdehnung eines im Porzellan vollständig eingeschlossenen Materials muß dasselbe zerstören, wenn nicht besondere Vorkehrungsmaßnahmen getroffen sind. Bei der früher üblichen Form der Isolatorteile mit ebener Begrenzungsfläche und fast zylinderischer Seitenbegrenzung der Kittflächen tritt der höhere Ausdehnungskoeffizient besonders verheerend in Erscheinung, und schon der Augenschein lehrt, was die statische Berechnung beweist, daß bei derartig geformten Kittflächen eine Volumvergrößerung des Kittmaterials, hervorgerufen durch den größeren Ausdehnungskoeffizienten, außerordentliche Beanspruchungen des Isolatoroberteils und deren Zersprengung zur Folge hat. (Abb. 3.) Man hat daher diese Form sehr bald verlassen und eine vollständig halbkugelförmige Ausbildung der oberen Begrenzungsflächen der Isolatorteile gewählt. Bei dieser vermag erstens selbst ein Kittmaterial, das einen höheren Ausdehnungskoeffizienten als das Porzellan besitzt, nicht derartige Treibwirkungen auf das Porzellan auszuüben, zweitens ermöglicht die kugelförmige Begrenzungsfläche es ohne weiteres bei der Einzementierung, den überschüssigen Zement gut herauszudrücken, so daß auf

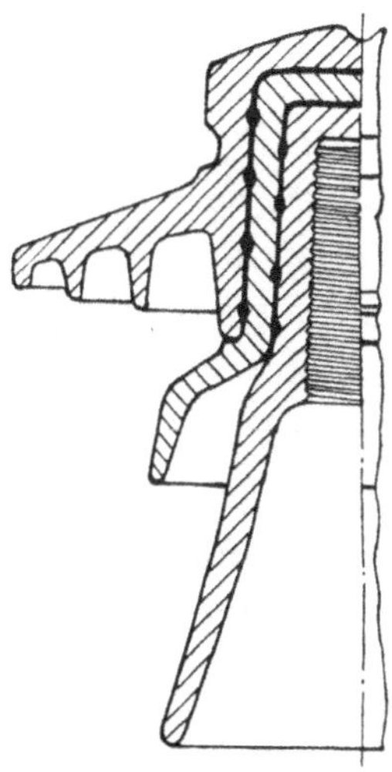

Abb. 3.

diese Weise im oberen Kopfteil aller Zement so gut wie vollständig aus der Kittfuge herausgedrückt werden kann. Dies ist bei ebener Begrenzungsfläche der Hülse niemals möglich, so daß bei diesen stets die Gefahr besteht, daß die Zementschicht im Isolatorkopfe eine unerwünschte Stärke erhält. Es ist bemerkenswert, daß auch die wissenschaftliche Literatur in Deutschland und Amerika zu den gleichen Ergebnissen in bezug auf die Kittschicht gekommen ist. Abb. 4 ist einem Artikel von Austin in den Proceedings entnommen, während Abb. 5 die schädlichen Wirkungen ebener Kittflächen in dem Artikel von Meyer in der E. T. Z. veranschaulicht. Die Abrundung der äußeren Form hat auch elektrisch und thermisch besondere Vorteile, denn es ist eine längst bekannte Erscheinung, daß gut abgerundete Formen mit möglichst großen Krümmungsradien bei Vermeidung aller scharfen Kanten und vorspringenden Teile eine gleichmäßige Beanspruchung des Isolators in elektrischer Beziehung zur Folge haben. Diesen Umständen muß bei der Konstruktion der Einzelteile genügend Rechnung getragen werden. Außer der runden Ausbildung der Kittflächen ist auch eine runde Ausgestaltung des Stützenloches und ein Vermeiden von scharfen Rillen an den Kittflächen in elektrischer Hinsicht ein unbedingtes Erfordernis. Die durch diese Konstruktion — die vor

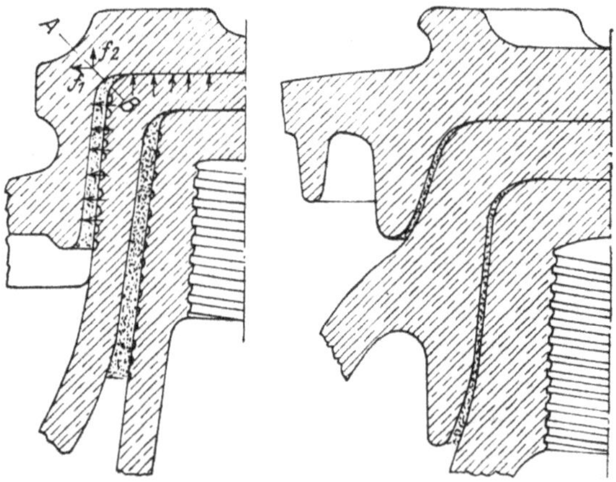

Abb. 4.

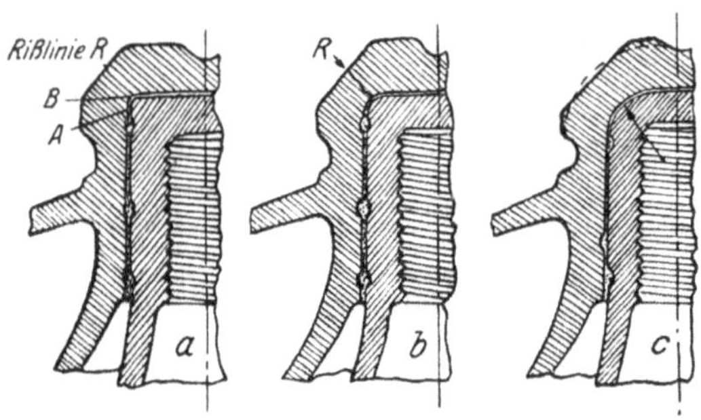

Abb. 5.

allen den elektrischen Verhältnissen Rechnung trägt — geschaffene gleichmäßige Wandstärke gibt auch in thermischer Hinsicht dem Isolator die wünschenswerte Widerstandsfähigkeit, denn je gleichmäßiger die Scherbenstärke eines Porzellangegenstandes ist, desto größer ist die Widerstandsfähigkeit gegen Temperaturschwankungen, denn desto gleichmäßiger werden Erwärmungen von den Isalolatorteilen aufgenommen.

Kittmaterial.

Neben der richtigen Gestaltung der Kittflächen und der Kittschicht ist die richtige Wahl des Kittmaterials von allergrößter Wichtigkeit. Zunächst ist es erforderlich, ein Kittmaterial zu wählen, das möglichst den gleichen Ausdehnungskoeffizienten besitzt wie das Porzellan. Zu diesem Zwecke wurden von uns umfangreiche Versuche vorgenommen. Zunächst ist zu beachten, daß die verschiedenen Porzellansorten sehr verschiedene Ausdehnungskoeffizienten besitzen, so daß ein Kittmaterial, das für eine bestimmte Porzellansorte den gleichen Ausdehnungskoeffizienten besitzt, zu einer andern Porzellansorte weniger gut paßt. Beispielsweise haben ganz genaue Messungen, welche wir im Versuchs- und Materialprüfungsamt an der Technischen Hochschule zu Dresden vorgenommen haben, für zwei von uns verwendete Isolatorenmassen die Ausdehnung $4{,}9 \cdot 10^{-6}$ bei der einen, und $3{,}8 \cdot 10^{-6}$ bei der andern Masse ergeben, während Spezialweichporzellanmassen und andere Versuchsmassen Ausdehnungskoeffizienten besitzen, die fast doppelt so hoch sind. Die Messung des Ausdehnungskoeffizienten von Zement bereitet außerordentliche Schwierigkeiten. Es wurde nämlich bei den Versuchen, welche ebenfalls im Versuchs- und Materialprüfungsamt an der Technischen Hochschule zu Dresden von Herrn Dr. Luftschütz vorgenommen wurden, festgestellt, daß durch den Abbindeprozeß des Zementes eine allerdings sehr unerhebliche Volumverminderung hervorgerufen wird, die bisher auch den zementtechnischen Kreisen unbekannt war. Alle Versuche, den Ausdehnungskoeffizienten des Zementes zu messen, erfordern eine Erwärmung des Probestabes, welche wiederum das Abbinden beschleunigt und eine Volumverminderung verursacht. Infolgedessen sind die über den Ausdehnungskoeffizienten des Zements bekannten Zahlen nur als annähernd zu betrachten. Es ist uns nun durch besondere Zusätze zum Zement gelungen, die Ausdehnung des Zements dem des

Porzellans praktisch vollständig anzugleichen, so daß selbst bei ungünstiger Formgebung der Zement nicht mehr imstande ist, nachteilige Wirkungen auf das Porzellan auszuüben. Die Zementfrage selbst ist von uns in außerordentlich gründlichen Untersuchungen gemeinsam mit den ersten Zementfachleuten bearbeitet worden. Es würde zu weit führen, auf die Frage in allen Einzelheiten einzugehen; es genügt hier der Hinweis, daß der zur Verwendung gelangende Portlandzement einerseits, sowie die Zuschläge, welche den Ausdehnungskoeffizienten des Zements dem des Porzellans angleichen, anderseits, von uns laufend auf das genaueste untersucht werden. Die Kontrollen, welche von uns vorgenommen werden, um die Gewißheit zu haben, daß der Zement vollständig einwandfrei ist und keinerlei Volumveränderungen durch mechanische Einflüsse zu befürchten sind, sind folgende: Zunächst werden die Gewichtsverhältnisse, die Mahlfeinheit, sowie die Bindezeit unter den verschiedenen Verhältnissen bestimmt. Von der Raumbeständigkeit überzeugen wir uns durch Kochprobe, Darrprobe, Luftprobe und

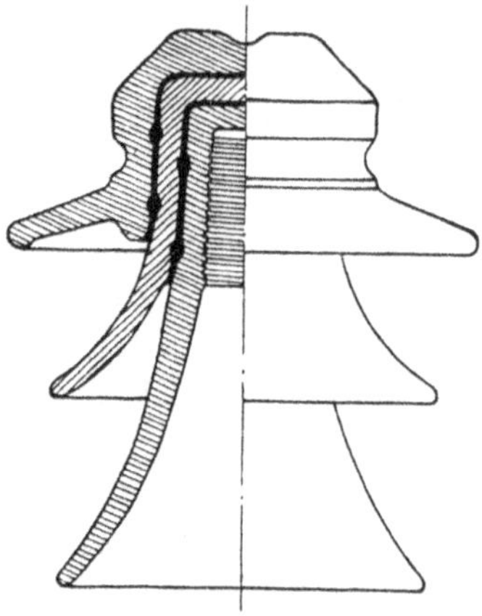

Abb. 6.

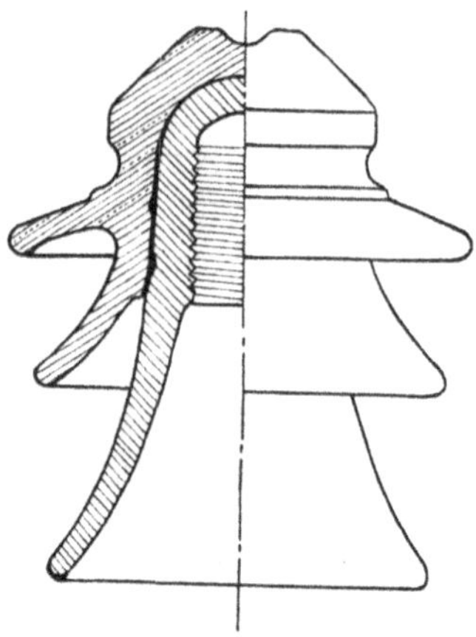

Abb. 7a.

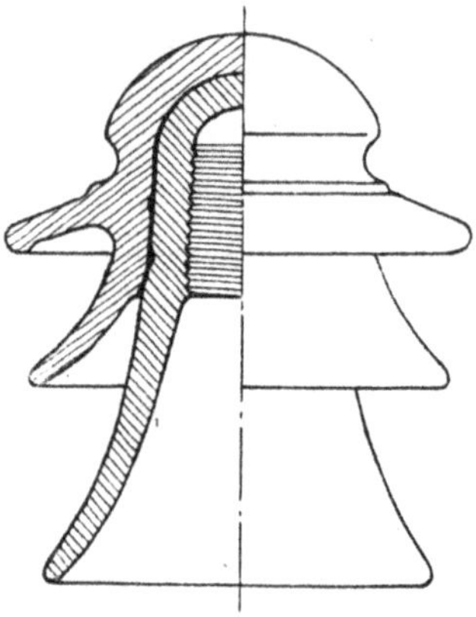

Abb. 7b.

Kaltwasserprobe nach 28 Tagen. Die Zementkuchen müssen hierbei eben, scharfkantig und rissefrei bleiben. Die Festigkeit wird kontrolliert durch Druck- und Zugprobe, zunächst nach 7 Tagen, dann nach 28 Tagen. Wir legen Wert darauf, daß die Zugfestigkeit stets mindestens ein Zehntel der Druckfestigkeit beträgt. Dies ist ein besonderes Kriterium für vollständig einwandfreie Aufbereitung der jeweiligen Zementlieferung. Auf diese Weise haben wir die unbedingte Gewähr, daß nur ganz einwandfreier Zement verwandt wird. Besondere Vorkehrungen sind getroffen, um das Abbinden des Zements in der Kittfuge selbst unter besonders günstigen Verhältnissen vonstatten gehen zu lassen. Die Temperaturverhältnisse und der Feuchtigkeitsgehalt der Luft in den Räumen, in denen das Abbinden des Zements vor sich

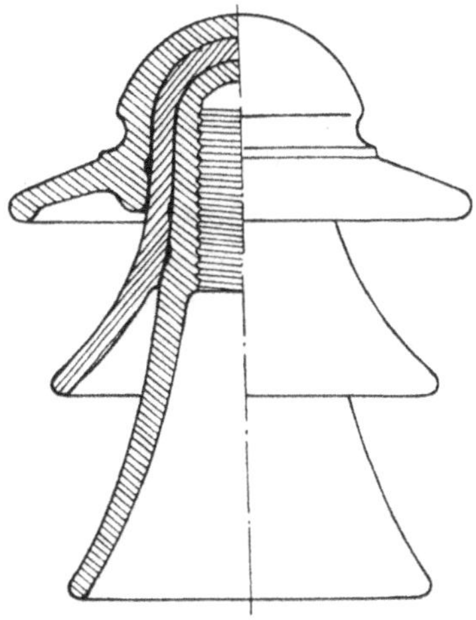

Abb. 8.

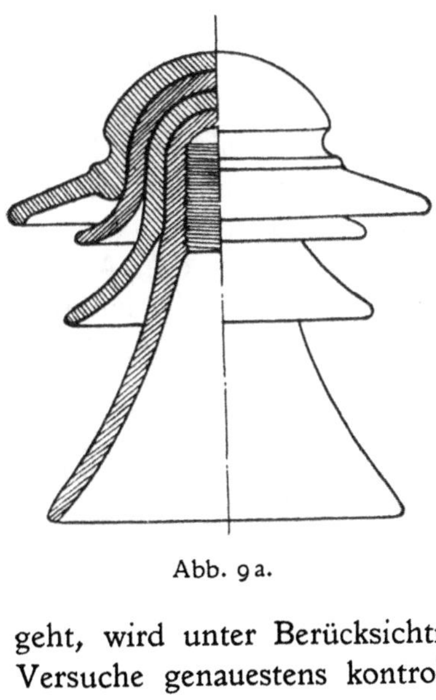

Abb. 9a.

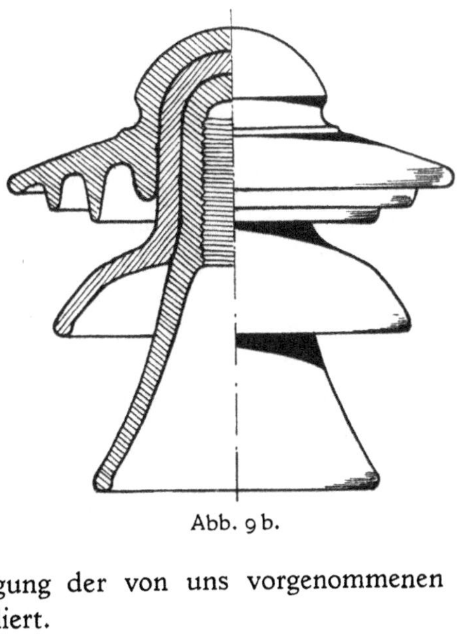

Abb. 9b.

geht, wird unter Berücksichtigung der von uns vorgenommenen Versuche genauestens kontrolliert.

Die Entwicklung, welche die Konstruktion zusammengekitteter Isolatoren sowohl in Deutschland als auch in den Vereinigten Staaten genommen hat, ist außerordentlich interessant, und es zeigt sich, daß die gewonnenen Erfahrungen auf die Gestaltung der Kittschichten zu gleichen Lösungen in diesen beiden Ländern geführt haben, wobei zu beachten ist, daß diese Entwicklung in eine Zeit gefallen ist, in welcher ein Austausch der Erfahrungen nicht stattfinden konnte, in die Zeit des zwischen beiden Ländern herrschenden Kriegszustandes.

Die Abbildungen 4—7 veranschaulichen die Entwicklung, welche die Rosenthal-Dreimantelglocken während der letzten Jahre genommen haben. Abb. 6 stellt einen Stützisolator mit ebenen Kittflächen dar; Abb. 7a zeigt den gleichen Isolator mit abgerundeten Kittflächen, jedoch noch nicht abgerundeter Kopfaußenfläche; Abb. 7b stellt einen Stützisolator zweiteilig dar, mit vollständig kugelförmig begrenzten Kittflächen und rund ausgebildetem Kopfe; Abb. 8 zeigt den gleichen Isolator für höhere Spannungen, wie derselbe von uns für Spannungen von 30000 Volt an hergestellt wird; die Abb. 9 endlich stellt einen gleichen Isolator in vierteiliger Ausführung dar, eine Ausführung, die nur für die größten Modelle der Stützisolatoren in Frage kommt. Bei den ganz großen vierteiligen Stützisolatoren der Dreimantelserie erhält die Hülse eine außergewöhnliche Länge, so daß der Überschlagsweg dieses Isolator-Einzelteils im Verhältnis zur Durchschlags-Festigkeit zu groß wird und infolgedessen nicht mehr die nötige Durchschlags-Sicherheit besitzt. Infolgedessen haben wir speziell für das Ausland in Anlehnung an unseren Kammerisolator, Stützenisolator gemäß Abb. 9b konstruiert. Abb. 10 zeigt einen Isolator nach der Katalog-Nr. 4004 der R. Thomas and Sons Co., East Liverpool, Ohio, für eine Be-

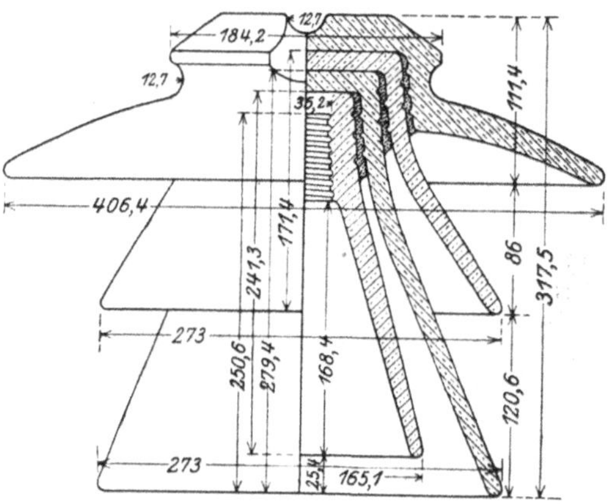

Abb. 10.

triebsspannung von 66 000 Volt. Dieser Isolator ist aus einem Katalog aus dem Jahre 1914 dieser Gesellschaft und zeichnet sich dadurch aus, daß die Kittflächen noch außerordentlich eckig sind, daß der Forderung, daß zwischen den einzelnen Mänteln genügend freier Spielraum vorhanden sein muß, um eine Ozonisierung der Luftstrecke zu verhindern, welche sich zwischen den einzelnen Mänteln befindet, absolut noch nicht Rechnung getragen ist. Abb. 11 und 12 zeigen die Isolatoren nach der Katalog-Nr. 5233 und 7290 der Locke Insulator Mfg. Co., Victor, N. Y. Diese Isolatoren sind aus einem Katalog der genannten Gesellschaft aus dem Jahre 1919, der erste für eine Spannung von 45 000, der

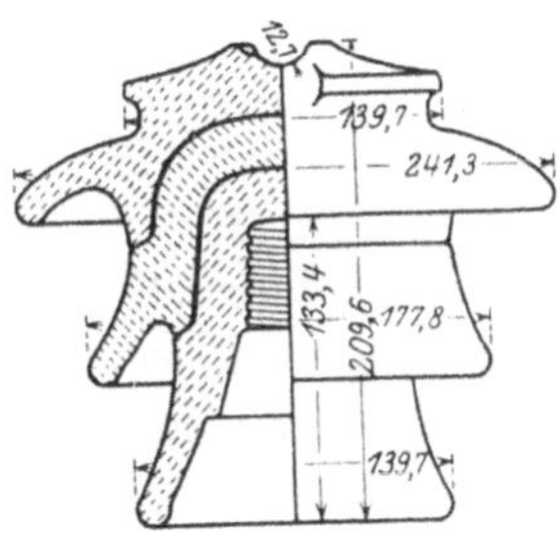

Abb. 11.

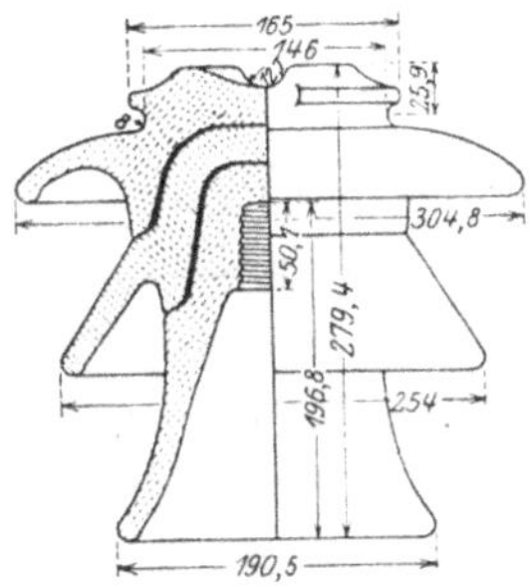

Abb. 12.

zweite für eine Spannung von 60 000 Volt bestimmt. Aus diesen beiden Zeichnungen geht der Fortschritt auch der amerikanischen Isolatorkonstruktion gegenüber der Vorkriegskonstruktion hervor. Die Mäntel wären jedoch für das deutsche Porzellanmaterial unnötig massiv. Die Mäntel sind kurz gehalten und gewähren im Verhältnis zum Materialaufwand nur verhältnismäßig geringen Regenschutz, sie sind jedoch an und für sich richtig konstruiert und entsprechen auch der in Deutschland gestellten Forderung, daß das obere Dach jeweils das darunterliegende genügend vor Regen schützen soll und daß die einzelnen Mäntel nicht zu nahe aneinanderrücken, um nicht eine Ozonisierung der zwischen den Mänteln gelegenen Luftstrecken zu verursachen.

Schutzanstrich der Kittflächen.

Es wurde bereits dargelegt, wie schwierig es ist, den Ausdehnungskoeffizienten des Kittmaterials dem des Porzellans vollständig anzugleichen. Unter der Berücksichtigung, daß tatsächlich schon die verschiedenen Porzelllansorten verschiedene Ausdehnungskoeffizienten haben und daß der Ausdehnungskoeffizient des Portlandzements auch in Verbindung mit Zuschlägen, die die Ausdehnung herabsetzen, nur annähernd zu messen ist, ist es nur den Fabriken, die über wissenschaftlich ausgebildete Hilfskräfte und ausreichende Meß- und Kontrollapparate verfügen, möglich, diese Aufgaben in einwandfreier Weise zu lösen. Da weiterhin die übrigen physikalischen Eigenschaften des Zements und des Porzellans in wesentlichen Punkten verschieden sind, so wird es niemals, auch bei ganz gleichen Ausdehnungskoeffizienten, möglich sein, in der Praxis stets die gleichen Ausdehnungen der beiden Materialien zu erhalten. Folgende Zahlen mögen für sich sprechen:

Wärmeleitung:

Porzellan	0,0019,
Portlandzement	0,00026.

(Die Zahlen beziehen sich auf Zimmertemperatur. Sie bedeuten die Wärme in Gramm-Kalorien, welche durch einen Stab aus dem betreffenden Material pro Sekunde hindurchgehen, wenn der Stab 1 cm lang ist, einen Querschnitt von 1 qcm besitzt und wenn seine Endflächen auf eine Temperaturdifferenz von 1° gehalten werden.)

Wärmekapazität:

Porzellan	0,25
Portlandzement	0,27.

(Diese Zahlen bedeuten die Wärmemenge, welche notwendig ist, um ein Gramm Substanz um ein Grad anzuwärmen.) Ganz anders sehen diese Zahlen aus, wenn sie auf die Wärmekapazität pro Kubikzentimeter Substanz umgerechnet sind:

Porzellan	0,575
Portlandzement	0,406.

Geschwindigkeit der Wärmeaufnahme.

Wenn ein Körper mit einem zweiten in Berührung steht, welcher eine höhere Temperatur hat, so ist die Geschwindigkeit der Temperatursteigerung des ersteren Körpers proportional der Wärmeleitfähigkeit des ersteren Körpers und umgekehrt proportional der Wärmekapazität desselben. Die Geschwindigkeit der Wärmeaufnahme ist auf 1 ccm bezogen, proportional den nachstehenden Zahlen:

Porzellan	0,00331
Portlandzement	0,00064.

Wärmehaltung.

Das Vermögen eines Körpers, seine Temperatur mit anderen, kälteren Körpern möglichst lange zu erhalten, ist proportional der Wärmekapazität und umgekehrt proportional der Wärmeleitung. Die Fähigkeit die Wärme festzuhalten, ist proportional folgenden Zahlen, auf 1 ccm bezogen:

Porzellan	302
Portlandzement	1560.

Durch die hier flüchtig skizzierten verschiedenen physikalischen Eigenschaften des Porzellans und des Zements sind also auch Temperaturdifferenzen dieser beiden Stoffe unvermeidlich, so daß es selbst bei Beobachtung aller Vorsichtsmaßregeln (in bezug auf Konstruktion des Isolators und Wahl des Kittmaterials) notwendig erscheint, eine vollständig starre Verbindung der beiden Materialien zu verhindern. Aus diesem Grunde werden bei der Porzellanfabrik Ph. Rosenthal & Co. A.-G. sämtliche Kittflächen, die mit dem Zement in Berührung kommen, mit einer Lack- oder Paraffinschicht versehen. Dieselben müssen selbstverständlich chemisch gegenüber dem Zement vollständig neutral sein, so daß irgendwelche Beeinflussungen im Abbinden desselben nicht möglich sind. Um weiterhin jede schädliche Beeinflussung des Zements durch Eindringen und Gefrieren von Wasser im Winter zu verhüten, werden, obzwar derartige Schäden durch Gefrieren von Wasser bisher nicht nachgewiesen werden konnten und auch nicht wahrscheinlich sind, trotzdem zur Vorsicht auch die mit der Luft in Berührung kommenden Zementstellen mit einem Schutzanstrich versehen, welcher die Zementschicht nach außen hin vollständig abschließt. Es ist selbstverständlich, daß dieser Anstrich erst angebracht werden, darf, wenn der Zement selbst vollständig erhärtet ist und abgebunden hat.

Leitende Überzüge auf den Kittflächen.

Solange der Zement in den Kittfugen nicht vollständig abgebunden ist, stellt er einen Leiter dar und trägt infolgedessen zu einer gleichmäßigen Feldverteilung bei. Versuche haben ergeben, daß frisch gekittete Isolatoren eine größere Durchschlagsfestigkeit besitzen als wie ältere Isolatoren, bei denen der Zement bereits vollständig erhärtet war. Diese Abnahme der Durchschlagsfestigkeit ist dadurch zu erklären, daß der Zement jede Leitfähigkeit verloren hat und durch eingeschlossene Luftbläschen, die unter dem Einfluß der Spannung ionisiert werden, Spitzenwirkungen auf die benachbarten Porzellanflächen ausgeübt werden, welche im Laufe der Zeit zu Anfressungen und Anschmelzungen der Porzellanoberfläche führen. Um derartige Wirkungen der Zementschicht auszuschließen, werden bei der Porzellanfabrik Ph. Rosenthal & Co. A.-G. alle Kittflächen mit einem Graphitüberzug versehen, welcher zunächst mittels Wasserglas an den unglasierten Kittflächen aufgebracht wird. Dieser Überzug wird alsdann nach einem der Firma patentamtlich geschützten Verfahren wasserunlöslich gemacht und erst nachdem dieser Prozeß vollendet, werden die einzelnen Teile zusammengekittet. Um nun die Kittschicht überhaupt elektrisch auszuschalten, können die beiden leitend gemachten Kittflächen kurzgeschlossen werden. Zum Kurzschließen der beiden Kittflächen können, nach einem der Firma Rosenthal geschützten Verfahren, auf der gewölbten Stirnfläche der unteren Kittfläche oberflächlich metallisierte Pappscheiben aufgetragen werden, welche zu gleicher Zeit ein elastisches Polster im Kopf des Isolators bilden und andererseits eine leitende Verbindung der leitend gemachten Kittflächen herstellen. In den Fällen, wo es erwünscht ist, leitend gemachten Kittflächen eine möglichst große Leitfähigkeit zu geben, kann dieser Überzug auch aus Metall hergestellt werden. Der Porzellanfabrik Ph. Rosenthal & Co. A.-G. stehen zu diesem Zweck sowohl große Galvanisieranlagen als auch das Schoopsche Metallspritzverfahren zur Verfügung. Zusammenfassend ist über das Leitendmachen der Kittflächen und über deren Kurzschließen zu bemerken, daß diese Verfahren zwar die Durchschlagsfestigkeit der Isolatoren erhöht, aber an und für sich zur Herstellung absolut einwandfreier Isolatoren nicht notwendig sind, da die Spitzenwirkung der eingeschlossenen Luftbläschen und die hierdurch hervorgerufenen Oberflächenanfressungen der Porzellanwandungen nur sehr geringfügigen Schaden auszuüben vermögen und die Durchschlagsfestigkeit nur um wenige Prozent herabzusetzen vermögen. Eine große Anzahl von Versuchen haben ergeben, daß mehrere Jahre alte Isolatoren mit galvanisierten und kurzgeschlossenen Kittflächen eine Durchschlagsfestigkeit ergeben haben, die im Mittel nur etwa um 5 Prozent höher war als die von Isolatoren, bei denen die Kittflächen nicht leitend gemacht worden waren.

Zusammenglasierte Isolatoren.

Wie bereits früher erwähnt, wird eine Unterteilung der Porzellanscherben bei der Porzellanfabrik Ph. Rosenthal & Co. A.-G. nur noch bei größeren Stützisolatoren für Spannungen von mehr als 25000 Volt vorgenommen, da unterhalb dieser Größe eine Unterteilung des Porzellanscherbens keinen Vorteil, d. h. keine größere Durchschlagsfestigkeit mehr ergibt und da es möglich ist, exakt geformte Einzelteile im Garbrand in vollständig einwandfreier Weise durch Glasur zu verbinden. Auch dieses Verfahren muß in vollständig sachverständiger und fachgemäßer Weise ausgeübt werden. Der Ausdehnungskoeffizient des Porzellans ist, wie wir bereits erwähnt haben, 0,0000036. Die Ausdehnung normaler Glasuren ist jedoch etwas höher und zwar 0,0000040—0,0000044. Um also innere Spannungen bei zusammenglasierten Isolatoren nach Möglichkeit zu vermeiden.

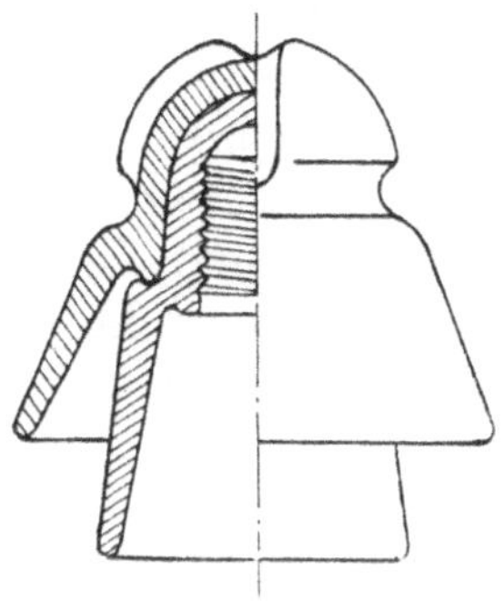

Abb. 13.

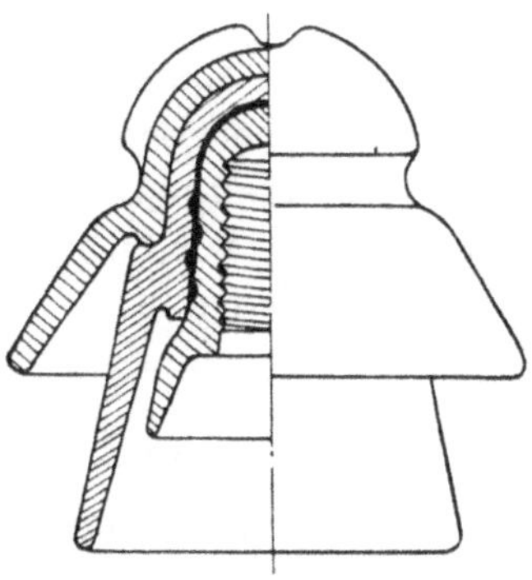

Abb. 14a.

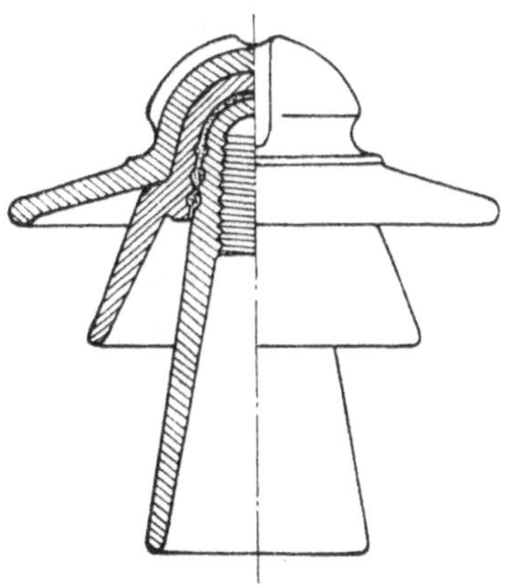

Abb. 14b.

muß eine Glasur verwandt werden, die der Ausdehnung des Porzellanscherbens möglichst nahekommt und außerdem eine genügend große Elastizität und Zugfestigkeit besitzt. Hierüber sind vor allem von Dr. R. Rieke und Dr. Steger zahlreiche Versuche vorgenommen worden. Es wird bei der Porzellanfabrik Rosenthal eine Spezialglasur verwandt, durch welche die gestellten Forderungen weitgehendst erreicht werden. Sachgemäß zusammenglasierte Stützisolatoren haben sich bisher hervorragend bewährt und bisher in keiner Weise zu umfangreichen Defekten Veranlassung gegeben. Isolatoren, die in elektrischer Hinsicht heute nicht mehr als einwandfrei anzusehen sind, sind trotz zu kleiner Dimensionierung noch immer, selbst nach zehnjährigem Betrieb in Freileitung, unter Spannung und haben zu keinen Klagen Veranlassung gegeben. Einen derartigen Isolator veranschaulicht die Abb. 13 (Beznan-Type), der vor allem in der Schweiz seit 10 Jahren in großen Mengen eingebaut ist. Abb. 14a stellt einen nach den gleichen Gesichtspunkten konstruierten Anza-Isolator vor, welcher bei zehnjährigem Betrieb sich einwandfrei bewährt hat, trotz ungünstiger Ausgestaltung des Unterteils der Hülse und trotzdem er für die Spannung, für welche er in Betrieb ist (45 000 Volt), wesentlich zu klein ist. Abb. 14b stellt ebenfalls einen Isolator dar, dessen beide Oberteile zusammenglasiert und dessen Hülse einzementiert ist. Infolge einwandfreier Formgebung hat auch dieser Isolator in zehnjährigem Betrieb sich absolut bewährt. Abb. 15 zeigt einen zusammenglasierten Dreimantelisolator, wie ihn die Porzellanfabrik Rosenthal heute für Spannungen bei 25000 Volt herstellt.

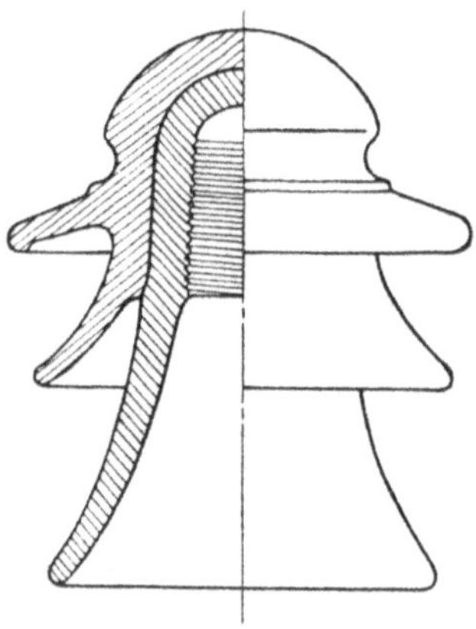

Abb. 15.

Elektrische Daten der Dreimantel-Isolatoren.

Auf nachfolgender Tabelle sind die verschiedenen Größen der gangbarsten Stützisolatoren verzeichnet, sowie die elektrischen Überschlagswerte naß und trocken angeführt (siehe Abb. 16).

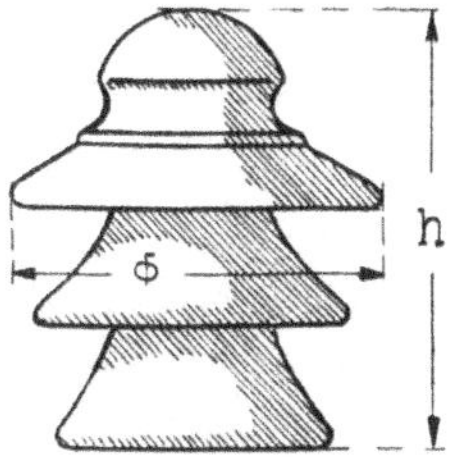

Abb. 16.

Tafel der Hochspannungs-Freileitungs-Stützen-Isolatoren.

H-normalisierte H-Serie d. V. D. E.

Nummer Rosenthal	V. D. E. Bezeichnung	h	Ø	Weltmarkt-Spannung*)	Betriebsspannung nach den Normen des V. D. E.	Überschlagsspannung trocken: K. V.	Überschlagsspannung u. 3 mm Regen K. V.**)
919		90	92	6 000		53	28
920		108	106	9 000		61	34
921	H 6	130	120	12 000	6 000	69	39
922	H 10	145	135	16 000	10 000	76	45
923	H 15	165	150	20 000	15 000	84	51
924		185	162	23 000		91	56
925		204	176	26 000		98	62
926	H 25	220	190	30 000	25 000	104	68
927		242	204	34 000		110	73
928		260	218	38 000		116	78
929		280	232	42 000		122	83
930	H 35	295	250	46 000	35 000	128	88
931		320	260	50 000		133	93
932		340	274	53 000		138	97
933		358	288	56 000		143	101
934		376	302	58 000		148	106
935		395	315	60 000		153	110
936		415	330	62 000		157	114
937		434	344	64 000		161	118
938		452	358	66 000		165	122
939		478	372	68 000		170	126
940		490	385	70 000		174	129

II. Hängeisolatoren.

Stützisolatoren, die für eine Spannung von 50 000 Volt an bei eisernen Masten resp. geerdeten Stützen noch genügende Überschlagssicherheit besitzen sollen, müssen eine derartige Größe er-

*) Betriebshöchstspannung bei Verwendung geerdeter Stützen.

**) Die Überschlagswerte sind bei Leitungswasser festgestellt; bei natürlichem Regenwasser ergeben sich günstigere Werte.

halten, daß man in Deutschland in der Praxis dazu übergegangen ist, von dieser Spannung an Isolatoren in Einzelelemente zu unterteilen und sogenannte Hängeisolatoren zu verwenden, die auch in leitungsbautechnischer Hinsicht gegenüber den Stützisolatoren bei den höheren Spannungen manche Vorteile aufweisen. Bei den Hängeisolatoren haben sich zwei Grundformen herausgebildet, die sich vor allem in der Art und Weise unterscheiden, wie die Armaturen am Isolatorteller angeordnet sind. Die eine Grundform wird nach ihrem Erfinder als Hewlett-Isolator bezeichnet, die andere wegen der Art der Befestigung des einen Armaturteils als Kappenisolator.

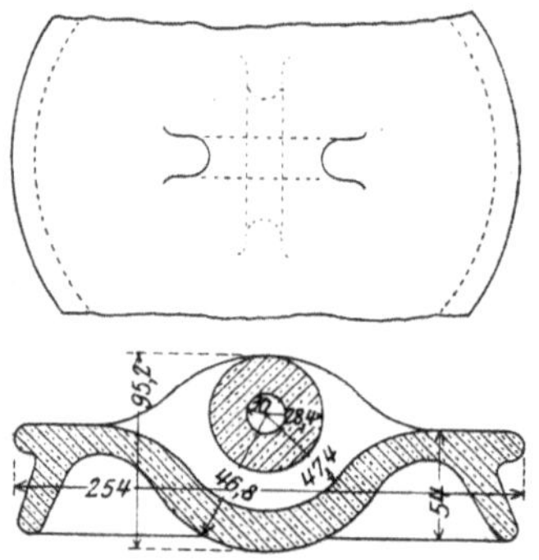

Abb. 17.

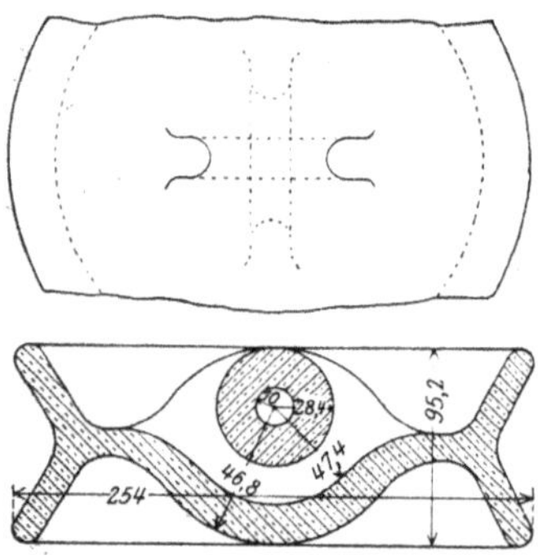

Abb. 18.

Hewlett-Isolatoren.

Hewlett-Isolatoren wurden zuerst etwa im Jahre 1906 in den Vereinigten Staaten von Amerika hergestellt. Das Prinzip besteht darin, daß in dem Isolatorteller kettengliederartig ineinandergreifende Bohrungen vorgesehen sind, in welche die seilartig ausgebildeten Armaturteile der benachbarten Elemente eingreifen. Das Prinzip ist der General-Electric Co. in Amerika durch Patent geschützt. In Deutschland besitzt die Lizenzen die Allgemeine Elektrizitäts-Gesellschaft. In Amerika wurden die Isolatoren vorwiegend von der Thomas and Sons Co. hergestellt. Die amerikanischen Modelle sind in den Abb. 17 und 18 dargestellt, welche in dem Katalog der Thomas and Sons Co. unter Nr. 1054 und 1055 aufgeführt sind. Der Isolator 1054 ist als Hängeisolator konstruiert, während der Isolator 1055 als Abspannisolator zur Verwendung in annähernd horizontaler Lage gedacht ist. An den abgebildeten Isolatoren sieht man auf den ersten Blick, daß dieselben einen viel zu hohen Überschlagsweg im Verhältnis zur Durchschlagsfestigkeit besitzen müssen, selbst wenn man das deutsche Porzellanmaterial zugrunde legt, welches bekanntlich infolge seiner stärkeren Verglasung und homogenem Gefüge eine höhere Durchschlagsfestigkeit als das amerikanische besitzt. Es kann daher nicht wundernehmen, daß sich diese Isolatoren in Amerika nicht bewährt haben. In Deutschland ist man dazu übergegangen, die Durchschlagsfestigkeit der Isolatoren auf Kosten des Überschlagsweges zu erhöhen. Ferner hat man die Fabrikation von Hängeisolatoren dadurch vereinfacht, daß man den einen Kanal vollständig aus der Ebene des Isolatortellers herausgehoben hat, so daß lediglich der eine Kanal, welcher aus dem Isolatorteller herausgehoben ist, noch gebogen ist, während der andere Kanal vollständig gerade ist, wie Abb. 19 veranschaulicht. Durch diese Konstruktion wurde auch die Anhäufung verschieden starker Massen in dem Porzellanteller verringert und die Fabrikation dementsprechend erleichtert. Der Abspannisolator, welcher jedoch der amerikanischen Grundform getreu geblieben ist, hat bisher auch in Deutschland zwei gebogene Kanäle und die Anhäufung unregelmäßiger Wandstärken im Isolatorteller beibehalten (siehe Abb. 20). Die Porzellanfabrik Rosenthal hat in der letzten Zeit einen Abspannisolator gemäß der Skizze 21 herausgebracht, welcher diese Übelstände ebenfalls verringert und in fabrikationstechnischer Hinsicht eine Vereinfachung des bisherigen Typs darstellt. Die Hewlett-Isolatoren haben sich bisher in Deutschland ausgezeichnet bewährt und es ist keine Anlage bekannt, in der nennenswerte Störungen an

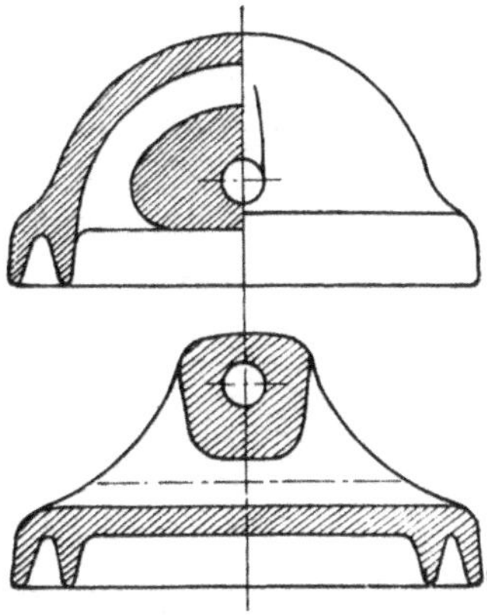

Abb. 19.

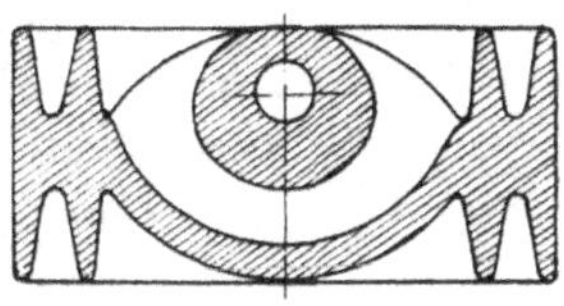

Abb. 20.

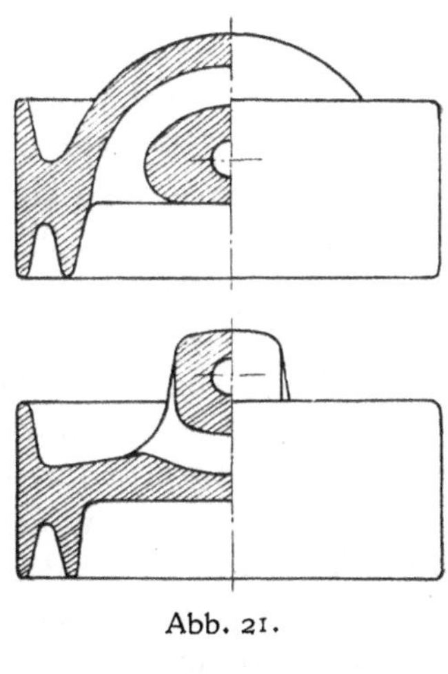

Abb. 21.

Hewlett-Isolatoren vorgekommen sind. Hierbei ist zu beachten, daß dieser Typ nicht nur als Hängeisolator für hohe Spannungen verwendet worden ist, sondern auch häufig als Abspannisolator für Bahnen- und andere mechanisch stark beanspruchte Leitungen. Gegen den Hewlett-Isolator können dreierlei Einwendungen erhoben werden:

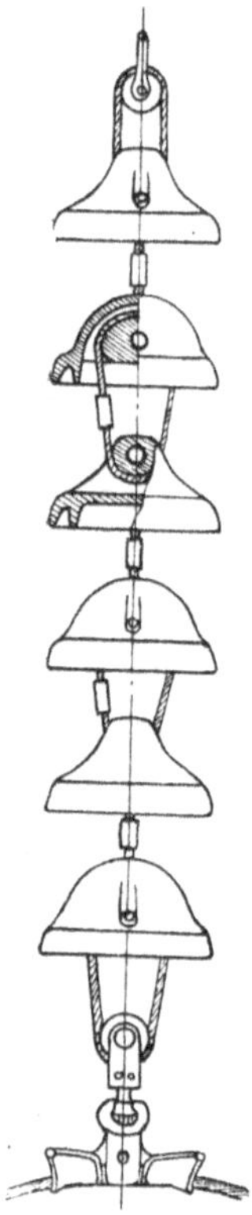

Abb. 22.

1. Die Feldverteilung im einzelnen Isolatorelement ist ungünstig. Dieser Einwand ist berechtigt, da tatsächlich das elektrische Feld infolge der unregelmäßigen Gestaltung des Porzellankörpers und der Leiter unregelmäßig ist und einzelne Porzellanstellen infolgedessen elektrisch besonders stark beansprucht werden. Es liegt also praktisch die Durchschlagsfestigkeit sehr nahe an der Überschlagsspannung. Dieser Übelstand ist bereits nach Möglichkeit bei den jetzigen Konstruktionen behoben, indem eine Form gewählt wurde, die in trockenem Zustand einen nicht allzu hohen Überschlagswert ergibt. Ein weiterer Nachteil der Hewlett-Isolatoren ist deren geringe Eigenkapazität, welche wiederum eine ungünstige Verteilung der Spannungen auf die verschiedenen Elemente eine Kette zur Folge hat, so daß das der Leitung zunächstliegende Element verhältnismäßig sehr stark beansprucht wird. Trotz der erwähnten ungünstigen Feldverteilung auf das Einzelelement und der ungünstigen Spannungsverteilung auf die ganze Kette, hat sich doch in der Praxis gezeigt, daß der Isolator diesen Anforderungen gewachsen ist, so daß die theoretischen Nachteile praktisch nicht in Erscheinung treten. Der Isolator ist theoretisch schlecht aber praktisch gut. Ein dritter Nachteil ist die verhältnismäßig große Baulänge der Hewlettketten, verursacht durch die langen Seilschlingen (Abb. 22). Dieser Übelstand ist jedoch zweifellos durch praktische Anordnung und Konstruktion der Seilverbinder und Zwischenglieder zu lösen. Eine derartige Lösung wurde dadurch in Vorschlag gebracht, daß die Seilschlinge gekreuzt wird und daß ein Verbinder gewählt wird, welcher durch diese Kreuzung eine Verkürzung der Baulänge herbeiführt (siehe Abb. 23). Eine weitere Lösung dieses Problems hat die Porzellanfabrik Ph. Rosenthal & Co. A.-G. gemeinsam mit der

Union G. m. b. H., Bochum, gefunden, indem sie die einzelnen Seilschlingen unterteilte und an einem scheibenförmigen Metallstück befestigte. Dieses scheibenförmige Metallstück soll zu gleicher Zeit die Verteilung der Spannung auf die einzelnen Elemente günstig beeinflussen und verhindern, daß etwa Lichtbögen an den Seilschlingen stehenbleiben und dieselben durchschmelzen, ein Nachteil, der sich mancherorts bei den Hewlett-Isolatoren gezeigt hat, besonders wenn der Überschlagsweg durch irgendwelche Metallbeläge herabgesetzt werden sollte (Abb. 24). Der Gedanke, den Überschlagsweg in trockenem Zustand durch angebrachte Metallauflagen herabzusetzen, würde theoretisch eine Verbesserung des

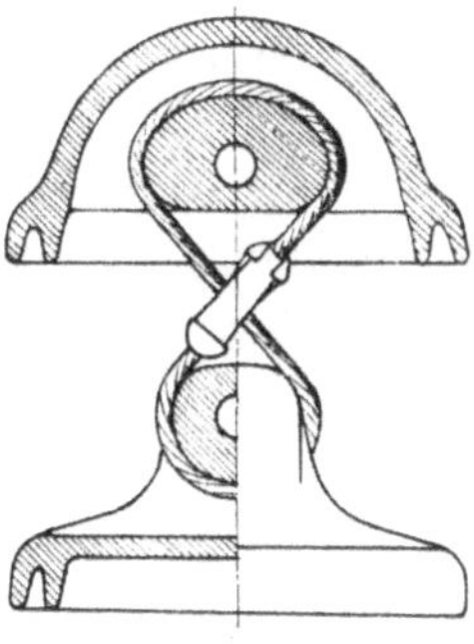

Abb. 23.

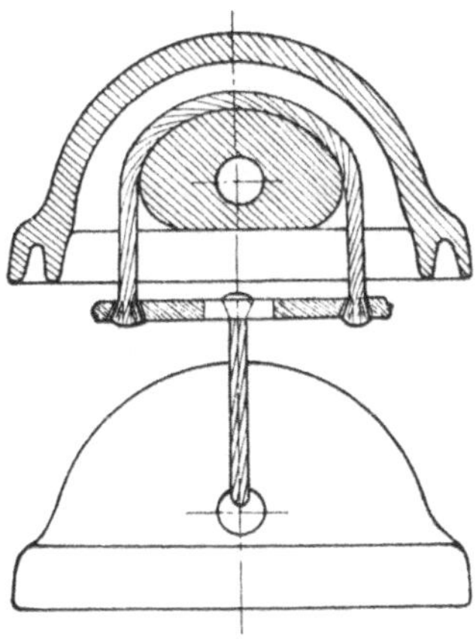

Abb. 24.

Einzelisolators bewirken. Die Metallauflagen haben im Betrieb jedoch die Bildung von Lichtbögen in so hohem Grade begünstigt, daß diese Lichtbögen an den Seilen stehen blieben und dieselben durchschmolzen. Dieser Defekt ist der einzige, der in größerem Umfang an Hewlett-Isolatoren in Deutschland beobachtet worden ist. Er ist selbstverständlich ohne weiteres zu vermeiden. Wenn durch richtige Anordnung der Seilverbindungen das Stehenbleiben von Lichtbögen an den Seilen verhindert wird, so ist in mechanischer Hinsicht der Hewlett-Isolator als besonders sicher anzusprechen, da das Porzellan nur auf Druck beansprucht wird und das Porzellan gegen Druckbeanspruchungen weit größeren Widerstand besitzt als gegen alle anderen Formen der Belastung. Wenn der Porzellandruckkörper irgendwo zerstört werden sollte, so wird trotzdem die Leitung nicht herabfallen können, da die kettenartig verschlungenen Seile dies verhindern. Die von der Porzellanfabrik Rosenthal vorgeschlagenen Scheiben werden die Gefahr des Stehenbleibens von Lichtbögen noch weiterhin herabsetzen.

Kappenisolatoren.

Der grundsätzliche Unterschied zwischen den Hewlett-Isolatoren und den Kappenisolatoren besteht darin, daß bei letzteren Armatur-, Kittmaterial und Porzellan einen einheitlichen Körper darstellen. Auch der Kappenisolator ist in Amerika konstruiert und zuerst fabriziert worden und zwar von der Ohio Brass Co. Die Grundform, wie sie Abb. 25 veranschaulicht, wurde auch von den deutschen Fabriken übernommen. In Amerika wurde auch als Abspannisolator ein Isolator der gleichen Grundform verwandt. Nur wählte man, da die Isolatoren für senkrechte Lage konstruiert waren und in horizontaler Lage infolgedessen, besonders bei Regen, sehr schlechte elektrische Eigenschaften besaßen, eine höhere Gliederzahl. Da außerdem die mechanische Festigkeit bei der Hängetype nicht ausreichend war, wurden meistens zu Abspannzwecken zwei Hängeisolatoren mit erhöhter Gliederzahl parallel geschaltet (siehe Abb. 26). In Deutschland dagegen wurde eine Spezialabspanntype konstruiert (siehe Abb. 27), welche zur Verwendung in horizontaler Lage ausgebildet wurde, um den in horizontaler Lage hängenden Isolator vor Regen zu

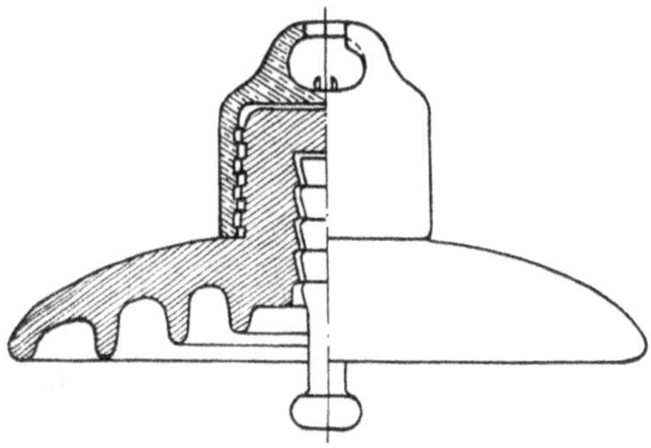

Abb. 25.

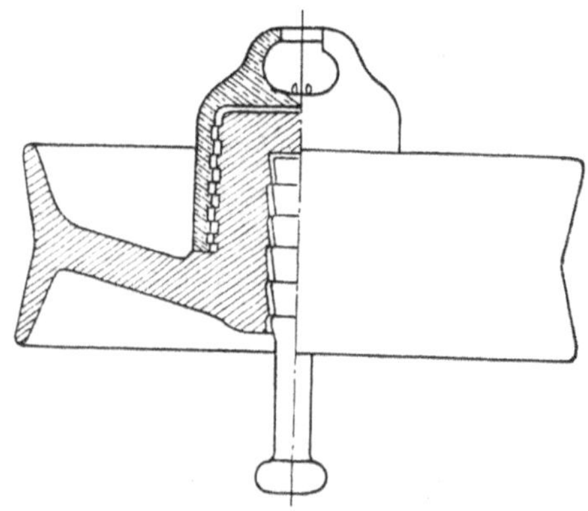

Abb. 27.

Abb. 26.

schüzen. Außerdem wurde die Kappe vergrößert, um eine höhere Zugfestigkeit zu erzielen. Die meisten 100 000-Voltanlagen sowohl in Europa als auch in Amerika wurden mit Kappenisolatoren versehen, die sich an die bereits geschilderten Grundformen anlehnten. Es liegen also umfangreiche Erfahrungen über diese Isolatoren vor, die im nachstehenden kurz geschildert werden sollen.

Erfahrungen und Störungen bei Kappenisolatoren.

Sowohl in Amerika als auch in Deutschland zeigte sich, daß die Kappenisolatoren schon nach 2 Jahren an Isolationsfähigkeit verloren und nach und nach immer mehr Isolatoren durchschlugen. Die ersten deutschen Kappenisolatoren wurden bei der Aktien-Gesellschaft Lauchhammer in Betrieb genommen. Die Resultate waren sehr ungünstig, vor allem, da ein Typ verwendet wurde, bei welchem eine eiserne Kappe in den Porzellanisolierkörper eingekittet wurde. Diese Kappe sprengte den Porzellankörper in kurzer Zeit durch den höheren Ausdehnungskoeffizienten des Eisens entzwei. Auch die anderen Hängeisolatoren der Normalkappentype wurden nach 3—4 Jahren defekt und mußten ausgewechselt werden. Die gleichen Erfahrungen wurden in Amerika gemacht. Die Isolatoren verloren immer mehr und mehr an Isolationsfähigkeit dadurch, daß sich feine Risse bildeten und schlugen einzeln und in ganzen Ketten durch, und die Zahl der Isolatorketten, welche ausgewechselt werden mußten, wuchs von Jahr zu Jahr. In den meisten Anlagen mußten die gesamten Isolatoren nach 2—3 Jahren durch neue ersetzt werden. Zahlreiche Artikel in den amerikanischen Fachzeitschriften, vor allem in den Proc. of the Am. Inst. of El. Eng., beschäftigten sich ausführlich mit den Defekten an den Hängeisolatoren. Hierbei wurden die Erfahrungen berücksichtigt, die man bereits früher mit den Defekten an Stützisolatoren gemacht hatte. Die Bestürzung in den Kreisen der amerikanischen Abnehmerindustrie war außerordentlich groß, als auch die Kappenisolatoren, zu denen man sich von den Stützisolatoren, die sich nicht bewährten, geflüchtet hatte, in großem Umfang defekt wurden. Da man in der Zwischenzeit die Stützisolatoren wesentlich verbessert hatte, so daß sich dieselben auch nach mehrjährigem Betrieb einwandfrei bewährten, kehrte man vielerorts zu den Stützisolatoren zurück, die jetzt in Amerika bis zu einer Spannung von 100 000 Volt verwandt werden. Auch in Amerika war man anfangs der Ansicht, daß das

Porzellan die Fehlerursache in sich trage und daß dasselbe altere oder innere Spannungen besitze. In der Tat war das amerikanische Porzellan und ist es wohl auch heute noch, so außergewöhnlich starken elektrischen Beanspruchungen nicht gewachsen, da dasselbe ein Zwischending zwischen Steingut und Porzellan oder bei anderen Formen zwischen Wertporzellan und Steinzeug vorstellt. Die wirklichen Fehlerursachen wurden jedoch auch in Amerika bald in den thermischen Einflüssen gefunden, die bei den Stützisolatoren und in noch viel höherem Maße bei den Hängeisolatoren mechanische Zerstörungseinflüsse auf das Porzellan ausüben. Nach den umfangreichen Versuchen, die in den Laboratorien der Porzellanfabrik Ph. Rosenthal & Co. A.-G. gemacht wurden, kann man bei Kappenisolatoren zwei Arten von Zerstörungserscheinungen unterscheiden. Die eine Art der Defekte rührt daher, daß der Rand der Metallkappe vollständig auf dem Porzellanteller aufsitzt. Da die Ausdehnung des Eisens über dreimal so groß ist als die des Porzellans, so muß jede Ausdehnung der Kappe in ihrer Längsrichtung einen außerordentlichen Druck auf den Porzellanteller ausüben, welchem dieser auf die Dauer nicht gewachsen ist, so daß feine Risse entstehen, die sich im Laufe der Zeit immer mehr und mehr vergrößern und zum endgültigen Durchschlag führen. Die andere Art von Defekten rührt von der Ausdehnung der eingekitteten Eisenstützen her. Diese hat das Bestreben, sich einerseits in ihrer Längsrichtung und andrerseits in der Richtung ihres Querschnitts auszudehnen. Auch diesen Beanspruchungen ist das Porzellan vielfach nicht gewachsen, so daß Risse zwischen den Eisenbolzen und der Eisenkappe entstehen.

Elastische Kittung.

Um die erwähnten Fehler auszuscheiden, muß Vorsorge getroffen werden, daß die Eisenteile sich frei ausdehnen können. Zu diesem Zweck ist vor allem dafür zu sorgen, daß die eiserne Kappe nicht auf dem Porzellanteller aufsitzt. Während bei den Stützisolatoren lediglich zwei verschiedene Materialien mit verschiedenen Ausdehnungskoeffizienten und physikalischen Eigenschaften vereinigt sind, sind beim Kappenisolator drei derartige Baustoffe zu einem einheitlichen Körper vereinigt: Eisen, Zement und Porzellan. Wie verschieden die physikalischen Eigenschaften dieser drei Materialien sind, sieht man aus folgender Zusammenstellung:

Ausdehnungskoeffizient:	Porzellan	0,0000036
	Zement	0,000011
	Eisen	0,000011
Wärmeleitung:	Porzellan	0,0019
	Zement, etwa	0,00026
	Eisen	0,115
Wärmekapazität:	Porzellan	0,25
	Zement	0,27
	Eisen	0,17—0,12
Geschwindigkeit der Wärmeaufnahme:	Porzellan	0,0033
	Zement	0,00064
	Eisen	0,19
Wärmehaltung:	Porzellan	302
	Zement	1560
	Eisen	5,3

Es genügt also nicht, daß die Ausdehnung des einen Materials unschädlich gemacht wird, es muß auch die Ausdehnung des dritten Materials unschädlich gemacht werden. Obwohl es uns gelungen ist ein Kittmaterial zu finden, welches die gleiche Ausdehnung wie das Porzellan besitzt, glauben wir nicht darauf verzichten zu dürfen, auch dem Zement die Möglichkeit zu geben, sich ausdehnen zu können, denn (wie bereits bei den Stützisolatoren ausgeführt wurde), sind die physikalischen Eigenschaften des Zements von denen des Porzellans so verschieden, daß derselbe trotz Zuschlägen, die seinen Ausdehnungskoeffizienten dem des Porzellans angleichen, nicht wie ein einheitlicher Körper zum Porzellan behandelt werden sollte. In noch höherem Grade gilt dies von den Metallteilen. Es gibt kein Metall, welches zur Verwendung von Armaturen in Frage käme, das eine ähnliche Ausdehnung hätte wie das Porzellan. Verhältnismäßig am günstigsten verhält sich noch das Eisen. Es muß bei der Konstruktion der Hängeisolatoren jedoch darauf Rücksicht genommen werden, daß sich das Eisen nach Möglichkeit frei gegenüber dem Zement ausdehnen kann. Diese Forderung ist besonders dann zu erheben, wenn der Aus-

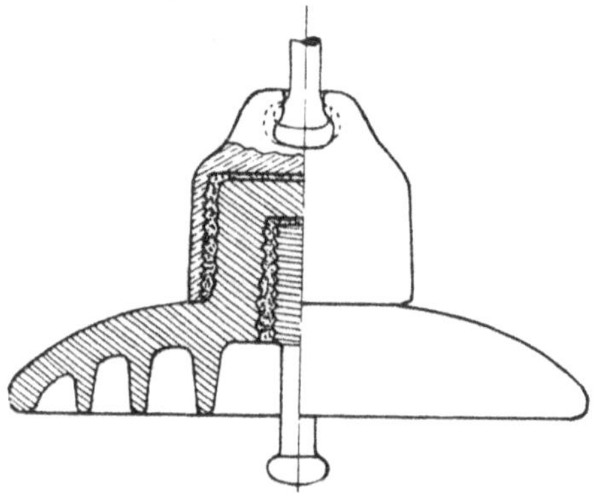

Abb. 28.

dehnungskoeffizient des Zements durch Zuschläge verringert worden ist. Als man noch gewöhnlichen gemagerten Zement verwandte, der annähernd den gleichen Ausdehnungskoeffizienten hatte wie das Eisen, war diese Forderung nicht so wichtig. Damals konnte gewissermaßen Zement und Eisen als einheitlicher Körper aufgefaßt werden, der gegenüber dem Porzellan die Möglichkeit besitzen mußte, sich frei auszudehnen. Jetzt sind Porzellan und Zement sich mehr angeglichen; dafür muß das Eisen um so mehr die Möglichkeit haben, ohne schädliche Wirkungen auf den Zement und das Porzellan sich ausdehnen zu können. Bei den modernen Konstruktionen der deutschen Isolatorenfabriken dürfte dieser Forderung wohl allgemein Rechnung getragen sein. Es ist interessant festzustellen, daß auch die amerikanischen Hängeisolatoren während der Kriegsjahre in ähnlicher Weise umgebildet wurden. Während die älteren amerikanischen Isolatoren etwa im Jahre 1912 nach Zeichnung 28 konstruiert wurden, zeigt die Abb. 29 zwei Hängeisolatoren der Thomas and Sons Co. aus dem Jahre 1914. Auch dieser Isolator zeigt noch eine auf dem Tellerrand vollständig aufsitzende Metallkappe und vollständig eckige Isolatorformen. Die modernen

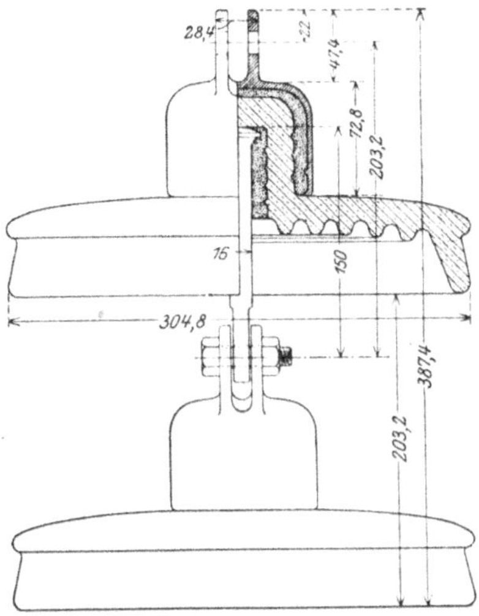

Abb. 29.

Abb. 30.

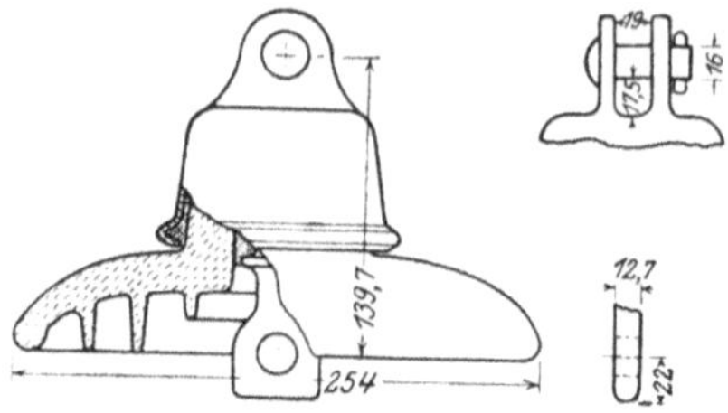

Abb. 31.

amerikanischen Hängeisolatoren werden veranschaulicht durch die Abb. 30 und 31. Die erstere ist dem neuen Katalog der Ohio Brass Co. entnommen, während die letztere dem neuen Katalog der Locke Insulator Co. entstammt. Einen Isolator, wie er heute von der Porzellanfabrik Ph. Rosenthal & Co. A.-G. fabriziert wird, zeigt die Abb. 32, während die Abb. 33 einen modernen Kappenisolator für Abspannzwecke veranschaulicht. Bei letzterem wurde, um größere Kittflächen zu erreichen und um das Porzellan möglichst auf Druck zu beanspruchen, der Kopf des Isolators wesentlich verlängert. Bei dem Hängeisolator sowie bei dem Abspannisolator wurde ferner auf eine möglichste Abrundung sämtlicher Metallteile besonderer Wert gelegt und Metallteile sowie Kittflächen so konstruiert, daß eine freie Ausdehnung aller Teile nach Möglichkeit gewährleistet ist. Die Abb. 34 und 35 zeigen Isolatoren, wie sie für Stockholms Elektrizitätswerk von Ing. Laurell konstruiert wurden, bei denen in sehr hohem Maße auf eine möglichst große Abrundung der elektrisch beanspruchten Teile Wert gelegt wurde und die sich bisher einwandfrei bewährt haben. Um nach Möglichkeit eine freie Ausdehnung der verschie-

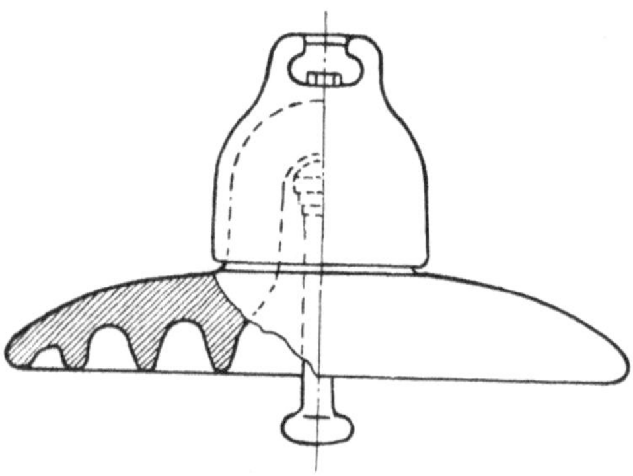
Abb. 32.

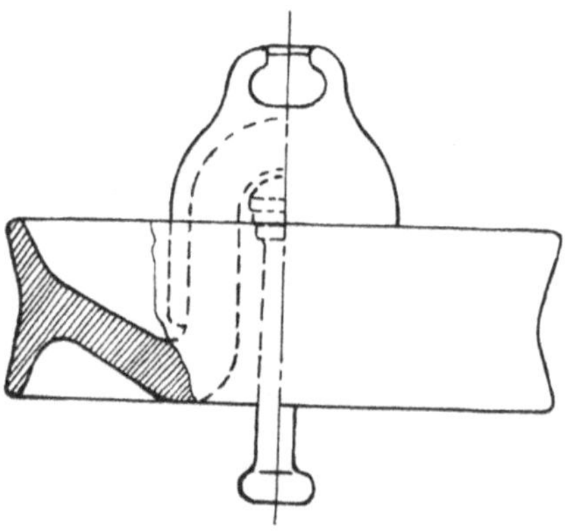
Abb. 33.

denen Materialien zu ermöglichen, werden die sämtlichen mit dem Zement in Berührung kommenden Teile, sowohl die Kittflächen als auch die Metallteile, mit einer Paraffinschicht versehen. Daß hierdurch die mechanische Festigkeit herabgesetzt wird, ist selbstverständlich, jedoch ist man heute von den übertriebenen Forderungen in bezug auf mechanische Festigkeit abgegangen. Während früher eine Festigkeit von 5—6000 kg verlangt war, wird heute bei einem Hängeisolator eine mechanische Festigkeit von 2500 kg, bei einem Abspannisolator eine solche von 3000 kg verlangt. Eine derartige Festigkeit gewährt noch immer eine vollständig ausreichende Sicherheit und erlaubt es den Porzellanfabriken von der vollständig starren Kittung abzugehen, denn es ist selbstverständlich, daß die mechanische Festigkeit dadurch erhöht werden kann, daß man ein möglichst inniges Ineinandergreifen des Zements in das Porzellan und des Eisens in den Zement ermöglicht. Ein derartig enges Ineinandergreifen erlaubt natürlich dann den einzelnen Teilen keine freie Ausdehnung ohne Zerstörung des anderen Materials. Es mag dahingestellt bleiben, ob bei sachgemäßer Konstruktion ein Überziehen sämtlicher Kittflächen mit Lack oder Paraffin noch notwendig ist. Selbstverständlich ist es

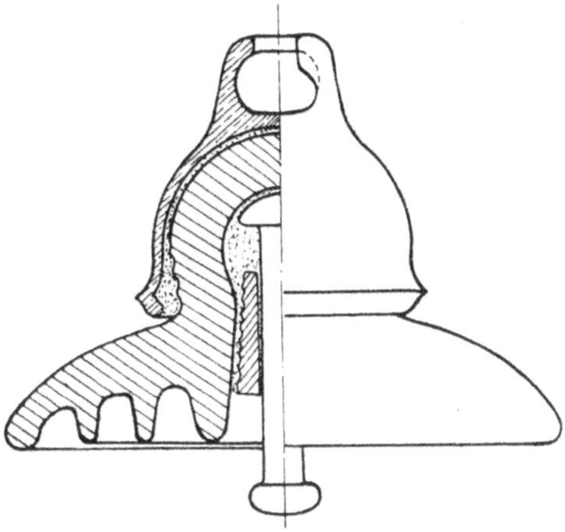

Abb. 34.

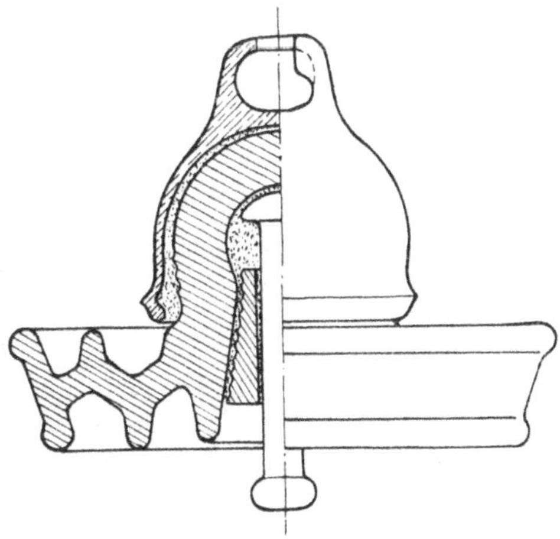

Abb. 35.

jedoch, daß hierdurch die Einzelteile zumindestens in der Längsrichtung eine gesteigerte Beweglichkeit erhalten. Wenn die mechanische Festigkeit trotzdem noch genügend ist, so erscheint es uns notwendig, von diesen Sicherheitsmaßnahmen Gebrauch zu machen. Es läßt sich jedoch in keiner Weise erzielen, daß der innere Bolzen sich auch in der Richtung seines Querschnittes frei ausdehnen kann, ohne auf das Material zu drücken.

Doppelkopfisolatoren.

Die letzte Konstatierung hat uns zu der Konstruktion des Doppelkopfisolators geführt, den die Abb. 36 veranschaulicht. Die von uns vorgenommenen mechanischen Versuche, die bezweckten, die Zugfestigkeit des Porzellans einwandfrei festzustellen, haben ergeben, daß bei richtiger Versuchsanordnung die Zugfestigkeit des Porzellans sehr erheblich ist, und zwar beträgt dieselbe 261 kg/qcm. Voraussetzung hierfür ist allerdings, daß keine langen Versuchskörper verwendet werden, die sich unter allen Umständen etwas verziehen und schädliche Biegebeanspruchungen ergeben, vielmehr müssen die Versuchskörper so gewählt werden, daß von den Angriffspunkten der Zugarmatur aus der Querschnitt des Zugkörpers sich verbreitert, wie dies auch bei unserem Doppelkopfisolator der Fall ist. Die mechanische Festigkeit des Doppelkopfisolators beträgt über 3000 kg. Die Durchschlagsfestigkeit ist so hoch, daß der Isolator auch unter Öl nicht durchschlägt, sondern daß auch unter Öl über die Oberfläche des Mantels hinweg der Spannungsausgleich stattfindet. Befürchtungen wegen mangelnder Bruchsicherheit sind nicht begründet. Bei den Versuchen im Materialprüfungsamt Berlin-Dahlem z. B. riß bei einer Belastung von 2000 kg der obere Eisenhaken zur Aufhängung der Kette. Die Kette stürzte von einer Höhe

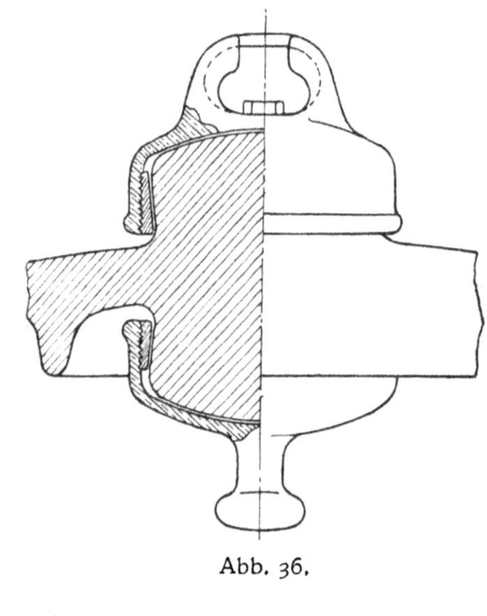

Abb. 36.

von 4 m auf den steingepflasterten Hof herab, wobei fast sämtliche Mäntel abgeschlagen wurden. Trotzdem hielt die Kette auch nachher noch eine Zugeblastung von 200 kg und einen zu gleicher Zeit einsetzenden Zug quer zur Längsachse der Kette von 1000 kg aus. Dies veranschaulicht die Abb. 37. Da sich ein abschließendes Urteil erst bilden läßt, wenn die Isolatoren mindestens 5 Jahre eingebaut sind und unter Spannung stehen, haben wir in zahlreichen Anlagen

Abb. 37.

Versuchsketten aufgehängt. Wenn sich die bisherigen Hängeisolatoren der normalen Kappenisolatoren bewähren, worüber man auch heute sich noch kein abschließendes Urteil erlauben kann, mag es dahingestellt bleiben, ob es notwendig ist, den Doppelkopfisolator einzuführen. Auf jeden Fall hat heute jede Spezialfabrik für Hängeisolatoren die Pflicht, durch Versuche vorzuarbeiten, wenn sich herausstellen sollte, daß alle Vorsichtsmaßnahmen, die an den normalen Kappenisolatoren angewandt werden, noch immer nicht ausreichend sind. Dies hat auch zu den Versuchen mit kittloser Verbindung geführt, auf welche ich im nächsten Abschnitt noch zurückkommen werde.

Überbrückung der Kittschicht.

Die bei den Stützisolatoren erwähnten Vorteile einer Überbrückung der Kittschicht durch Leitendmachen der Porzellankittflächen und Verbinden derselben mit Metallbelägen sind bei den Hängeisolatoren in erhöhtem Maße festzustellen. Da die Kittschicht in ihrer ganzen Ausdehnung mit einem Leiter in Berührung steht, ist die Spitzenwirkung etwa eingeschlossener Luftteilchen und die Möglichkeit, daß die Kittschicht, sobald sie ihre Leitfähigkeit verloren hat, durch die Spannungsdifferenz an derartigen Stellen durchschlagen und angeschmolzen wird, wesentlich größer als wie bei den Stützisolatoren, wo die Zementschicht zwischen zwei Porzellanwandungen liegt. Die von uns vorgenommenen Versuche haben denn auch ergeben, daß durch Leitendmachen der Kittflächen und durchleitender Verbindung derselben mit den Metallteilen die Durchschlagsfestigkeit um 10 Prozent gegenüber mehrere Jahre alten Isolatoren, bei denen diese Vorkehrungen nicht getroffen sind, erhöht werden kann. Das Leitendmachen der Kittflächen mittels Graphitpasta oder ganz dünn aufgespritzten Metallbelägen setzt die mechanische Festigkeit nicht weiter herunter, da ohnehin der Zement niemals direkt mit den Porzellanwandungen in Berührung kommt.

Kittlose Isolatoren.

Um die Verwendung einer starren Verbindung der Armaturteile mit dem Porzellan zu vermeiden, sind aus den bereits erwähnten Bestrebungen zur Erzielung einer relativ freien Beweglichkeit der Armaturteile mit Kappenisolatoren in der letzten Zeit zahlreiche Versuche vorgenommen, die Armatur ohne Verwendung von Kitt lediglich durch mechanisches Eingreifen von Metallteilen in oder unter den Porzellankörper in eine sichere Verbindung mit dem Porzellan zu bringen. Manche von diesen Versuchen dürften brauchbare Ergebnisse gezeitigt haben, so daß auf Verlangen die Industrie imstande ist, auch Isolatoren der Kappenform ohne Verwendung von Kittmaterial zu liefern. Zunächst sei erwähnt der Isolator von Jaensch, welcher in Abb. 38 abgebildet ist. Diese Konstruktion beruht darauf, daß in passende Erweiterungen des Bolzens resp. des Kopfes federnde Ringe eingesetzt werden, welche beim Einmontieren auf oder in das Porzellan in entsprechend geformte Aussparungen einspringen und auf diese Weise die Armatur am Porzellankopf befestigen. Die mit diesem Isolator im Versuchsfeld der Porzellanfabrik Ph. Rosenthal vorgenommenen Versuche haben die nötige Festigkeit nicht ergeben, da erstens die Auflagefläche des Metalls auf dem Porzellan außerordentlich klein ist und zweitens der Federring auch nicht längs seines ganzen Umfanges in die Riefe einspringt, sondern sich meist einseitig festsetzt. Hierdurch wird die ganze mechanische Beanspruchung nur auf eine sehr geringe Porzellanoberfläche übertragen, ausschließliche Scher-

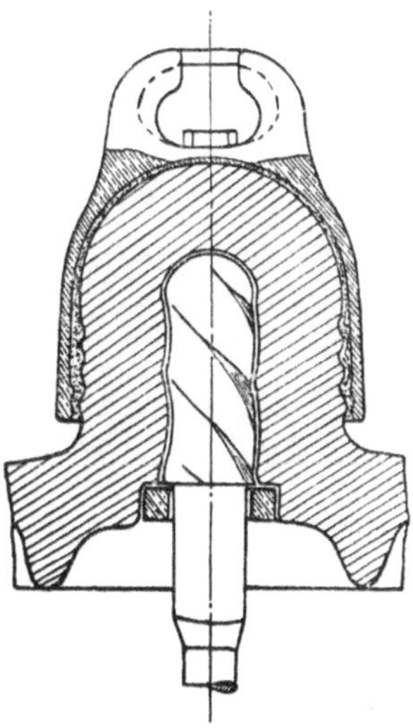

Abb. 38.

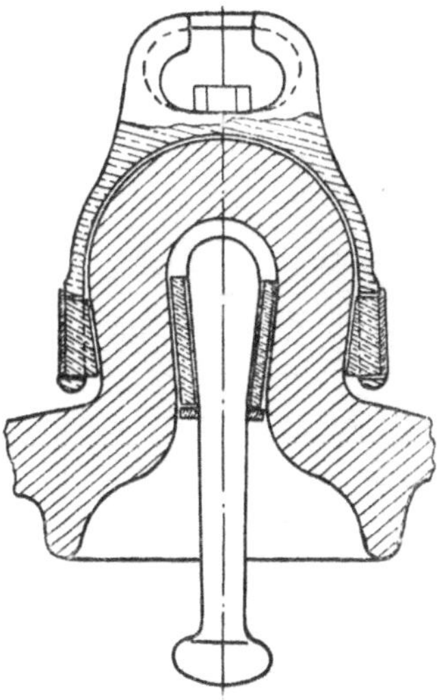

Abb. 39.

beanspruchung ist die Folge. Die elektrische Beanspruchung ist zwar ebenfalls schlecht, kann jedoch durch Metallisierung der den Armaturteilen benachbarten Porzellanflächen verbessert werden. Eine kittlose Verbindung des Bolzens im Porzellanisolator stellt die Abb. 39 dar, welche einen der Porzellanfabrik Ph. Rosenthal & Co. A.-G. durch Patent geschützten Isolator darstellt. Der Bolzen hat ein sehr steiles Gewinde, welches in ein entsprechend geformtes Bolzenloch eingeschraubt wird. Ein Verdrehen des Bolzens kann durch Keilstücke, die in eine entsprechende Aussparung des Porzellans eingreifen und am besten aus Blei bestehen, verhindert werden. Die Versuche haben ergeben, daß einerseits die nötige Zugfestigkeit ohne weiteres erzielt wird und daß der Bolzen sehr stark erhitzt werden kann ohne nachteilige Folgen auf das Porzellan auszuüben, da genügend Spielraum zum Ausdehnen vorhanden ist. Eine Befestigungsart, bei welcher sowohl die Kappe als auch der Bolzen ohne Kitt auf dem Isolator befestigt wird, zeigt die Abb. 40, bei welcher kupferne Keilstücke zwischen eiserne Armatur und Porzellan eingefügt werden, die sich beim Anziehen des Bolzens fest an das Porzellan anlegen. Auch diese Anordnung ist der Porzellanfabrik Rosenthal patentamtlich geschützt. Die nötige Festigkeit ist hierdurch ohne weiteres zu erzielen. Abb. 41 veranschaulicht eine kittlose Ver-

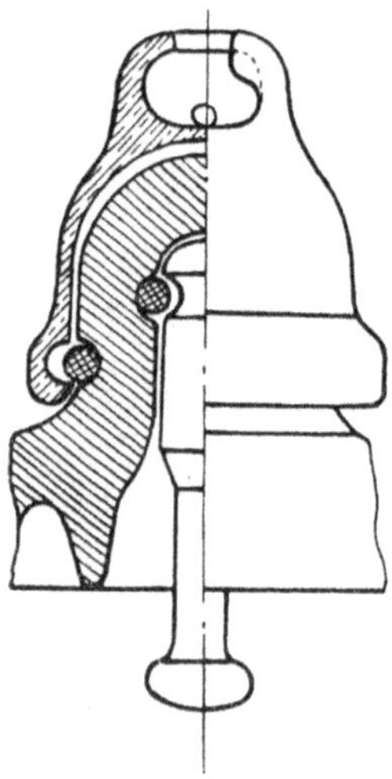

Abb. 40.

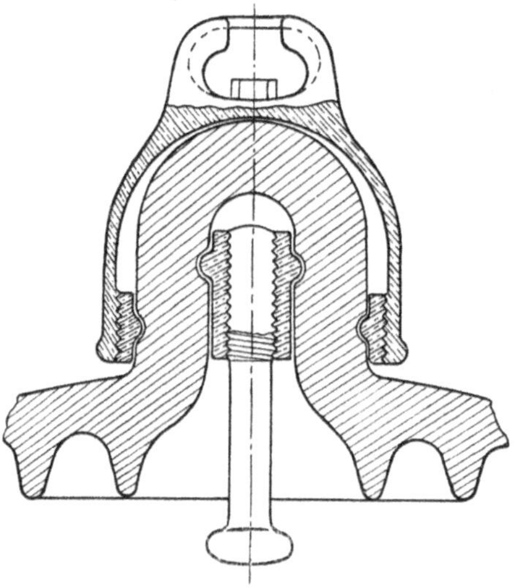

Abb. 41.

bindung, bei welcher die Befestigung der eisernen Armatur an dem Porzellan durch zweiteilige Schraubringe geschieht, welche so geformt sind, daß sie in entsprechende Vertiefungen des Porzellans eingreifen. Die mechanische Beanspruchung erfolgt in ähnlicher Weise wie beim Jaensch-Isolator. Nur ist durch die Anordnung ermöglicht worden, daß die Metallvorsprünge, welche am besten aus oberflächlich verbleitem Kupfer bestehen, längs ihres ganzen äußeren Durchmessers gut in die Einkerbungen der Porzellanwandungen hereinpassen. Auch bei dem der Firma Rosenthal geschützten Doppelkopfisolator sind kittlose Befestigungen ausprobiert worden, obwohl bei diesem Isolator die Befestigung mit Zement auf jeden Fall vollständig unschädlich ist. Eine derartige kittlose Befestigung der Armatur an einem Doppelkopfisolator veranschaulicht die Abb. 42. Um gleichmäßige Feldverteilung zu erzielen, ist es bei allen kittlosen Befestigungen notwendig, die zwischen der Armatur und der benachbarten Porzellanbegrenzungsfläche liegende Luftschicht elektrisch leitend zu überbrücken, um eine Ionisation des eingeschlossenen Luftraumes zu vermeiden. Die leitende Überbrückung geschieht sehr einfach durch Leitendmachen der der Armatur benachbarten Porzellanfläche. Die leitende Verbindung mit der Armatur wird an der Befestigungsstelle ohne weiteres hergestellt. Während die bisher beschriebenen Isolatoren über das

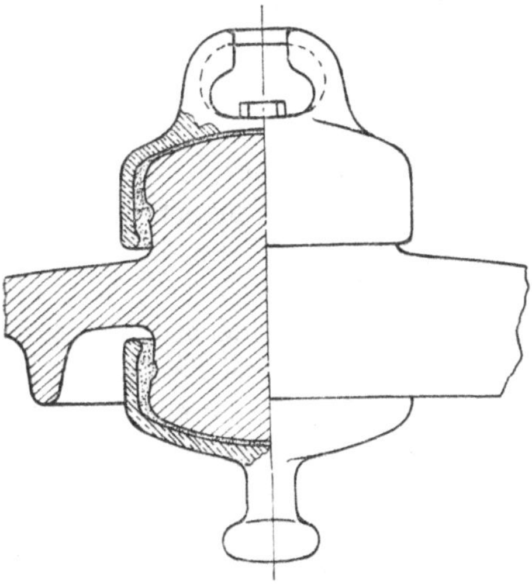

Abb. 42.

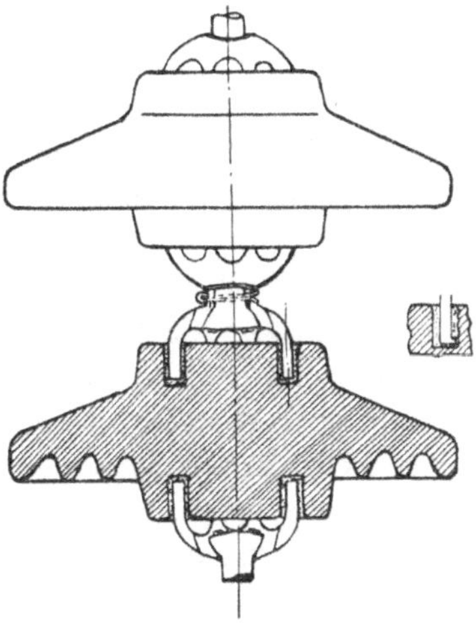

Abb. 43.

Versuchsstadium noch nicht hinausgekommen sind, veranschaulicht die Abb. 43 den sogenannten Klauenisolator der Firma Jeffery Dewitt Insulating Co. Bei diesem Isolator greifen Klauen aus Eisen in einen sehr dickwandigen Porzellanisolator ein. Die Krallen sind an ihrem unteren Ende mit Nasen versehen, welche beim Verdrehen der Klaue in eine entsprechend geformte Aussparung der Porzellanaufnahmelöcher eingreifen. Nachdem die Klaue so gedreht worden ist, daß diese Nasen in die entsprechenden Porzellanhöhlungen eingreifen, wird diese Lage der Klaue zum Porzellan durch Ausgießen mit Blei arretiert. Diesem Isolator werden von der herstellenden Firma außerordentlich günstige Eigenschaften in mechanischer und elektrischer Hinsicht nachgerühmt. Derselbe ist in Amerika und auch in den verschiedenen europäischen Ländern in den letzten Monaten in großen Mengen eingebaut worden. Die mechanischen Versuche sowie die Durchschlagsversuche, die in unserem Versuchsfelde vorgenommen wurden, haben die glänzenden Daten, welche dem Isolator zugeschrieben werden, absolut nicht erreicht. Immerhin ist sowohl die elektrische als auch die mechanische Festigkeit genügend, so daß von diesem Isolator dasselbe gelten dürfte wie vom Hewlett-Isolator; er ist theoretisch schlecht aber praktisch gut, da nicht anzunehmen ist, daß die zum Arretieren eingegossene Bleimenge irgendwelche Schäden im Porzellan hervorrufen wird. Betriebserfahrungen hierüber liegen nicht vor. Es muß jedoch hervorgehoben werden, daß die vorgehend skizzierten kittlosen Isolatoren sowohl in elektrischer als auch in mechanischer Hinsicht dem Jeffery-Dewitt-Isolator weit überlegen sind, so daß die deutschen Firmen, wenn dies von den Abnehmerkreisen verlangt wird, in der Lage sind, einen wesentlich besseren kittlosen Isolator zu liefern.

Spannungsverteilung.

Nunmehr möchte ich auf ein Problem näher eingehen, welches in der letzten Zeit Gegenstand umfangreicher Versuche und ausführlicher Veröffentlichungen gewesen ist. Ich behalte mir vor, auf das Thema der Spannungsverteilung bei Hängeisolatoren in einer gesonderten Broschüre zurückzukommen. Hauptsächlich auf Grund der Kapazität der Isolatoren gegen Erde und auch auf Grund der gegenseitigen Kapazität übernehmen diejenigen Isolatoren, welche sich der Leitung zunächst befinden, eine größere Kapazität des Stromes. Aus diesem Grunde übernehmen sie auch einen größeren Spannungsanteil, als der Isolatoranzahl bei gleichmäßiger Spannungsverteilung entsprechen würde. Je geringer die Eigenkapazität des einzelnen Isolatorelementes ist, einen desto größeren Spannungsanteil muß das der Leitung zunächstliegende Isolatorelement übernehmen und um so weniger beteiligen sich die dem Aufhängepunkt benachbarten Elemente an der Isolation der gesamten Spannung. Unter gewissen vereinfachten Voraussetzungen kann diese Spannungsverteilung leicht berechnet werden. Dieselbe kann auch leicht auf experimentalem Wege gemessen werden, und zwar einerseits mittels der Funkenstrecke oder durch ein am Isolator eingebautes empfindliches Galvanometer. In den Proc. of the Am. Inst. of El. Eng. befinden sich schon im Jahre 1912 rechnerische Ermittlungen von F. W. Byk. In Deutschland wurde die Berechnung von Rüdenberg in der E. T. Z. 1914, Heft 15, in vereinfachter rechnerischer Weise angegeben. Experimental wurde die Spannungsverteilung vor allem von Prof. Dr. Petersen (E. T. Z. 1915, Heft 1) gemessen, indem ein am Isolator angebrachtes empfindliches Galvanometer verwendet wurde, welches so ausgebildet ist, daß es die Kapazität des Isolators nicht wesentlich verändert. Anderseits gibt es verschiedene Verfahren, um die Spannungsverteilung mittels der Funkenstrecke zu messen. Ein derartiges Verfahren wurde von Stockholms Elektrizitätswerk angewandt, indem an einem normalen Isolator Kugel-Funkenstrecken angebracht wurden. Diese Funkenstrecken wurden an verschiedenen Stellen der Ketten eingebaut, und je nachdem, an welchem Element die Funkenstrecke sich jeweils befand, konnte auf die Kette eine verschieden hohe Spannung gegeben werden, bevor die Funkenstrecke ansprach. Dieser Versuch geht von der Annahme aus, daß die Höhe der Spannung auf die Spannungsverteilung selbst keinen allzu großen Einfluß ausübt, eine Annahme, die allerdings mit unsern Versuchen nicht übereinstimmt, da von dem Punkt ab, wo das unterste Element auch nur geringe Ausstrahlungen zeigt durch die Ionisation der begrenzenden Luftschicht die Kapazität und damit die Spannungsverteilung auf der Kette sich verändert. Der Versuch mittels Funkenstrecke kann auch in der Weise erfolgen, daß die Funkenstrecke nacheinander an die verschiedenen Elemente angelegt wird und durch Versuche die genaue Entfernung gefunden wird, bei der sie ansprechen, wenn auf die ganze Kette 100 000 Volt gelegt werden. Um die Kapazität möglichst wenig zu verändern, ist es zweckentsprechend, den Isolatorteller zu durchbohren und in diese Bohrung die Funkenstrecke einzubringen. Es wurden in unsern Versuchsfeldern zahlreiche Bestimmungen der Spannungsverteilung vorgenommen. Auch Herr Prof. Schweiger, Karlsruhe, hat an zahlreichen Isolatoren, die wir ihm zur Verfügung stellten, Messungen der Spannungsverteilung vorgenommen. Ohne an dieser Stelle die genauen Aufzeichnungen der einzelnen Versuche zu bringen, ist festzustellen, daß von den untersuchten Isolatoren die Spannungsverteilung bei den Hewlett-Isolatoren am ungünstigsten ist. Bei Verwendung einer Seilklemme erhält das unterste Element eine Spannung von etwa 33% der Gesamtspannung, wenn die angelegte Spannung etwa 100 000 Volt betragen hat. Durch die Verwendung von Metallbelägen auf den unteren Elementen läßt sich die auf das unterste Element fallende Teilspannung auf etwa 27 Prozent herabdrücken. Eine weitere Verbesserung der Spannungsverteilung ist bei der Verwendung von Hörnern oder andern Abschirmungsmethoden möglich. Auch durch die Verwendung der bereits erwähnten scheibenförmigen Seilklemme wird die auf die untersten Elemente fallende Spannung je nach der Größe der Scheibe herabgesetzt. Bei den normalen Hängeisolatoren entfällt bei einer angelegten Spannung von etwa 100000 Volt auf das unterste Glied etwa 27000 Volt. Um bei diesen normalen Kappenisolatoren die Spannung günstiger zu verteilen, wurden verschiedene Wege beschritten. Vor allem wurde die Kapazität abgestuft dadurch, daß bei den unteren Elementen der Porzellanscherben dünner und der Durchmesser der Metallstütze größer gewählt wurde. Die ganze Kette zerfällt nach dem Vorschlag von Prof. Petersen in drei Gruppen verschiedener Kappenisolatoren mit verschiedener Kapazität (Abb. 44.) Die Spannungsverteilung wird bei dieser Anordnung recht günstig verteilt, da das der Leitung zunächstliegende Element 17000 Volt und das oberste Element etwa 13000 Volt Spannung erhält. Eine Abstufung der Kapazität ist auch durch Belegen der Porzellanteller mit Metallüberzügen möglich. Eine derartige Anordnung ist der Porzellanfabrik Ph. Rosenthal & Co. A.-G. patentamtlich geschützt. Bei richtiger Abstufung der Metallbeläge auf der Ober- und Unterseite der Porzellanteller ist die gleiche Spannungsverteilung wie bei der Konstruktion von Prof. Petersen zu erzielen. Der Vorteil dieser Anordnung ist, daß die gleichen Porzellanisolatoren verwendet werden können, da es nicht notwendig ist, die Dicke des Porzellanscherbens abzustufen; der Nachteil dieser Anordnung ist der, daß der Überschlagsweg der untersten Elemente stark herabgesetzt wird. Bei Kappenisolatoren ist dies ungefährlich, bei Hewlett-Isolatoren wäre ein Stehenbleiben des Lichtbogens zu befürchten. In der letzten Zeit ist man vielfach wieder von der Verwendung abgestufter Hängeisolatoren abgekommen.

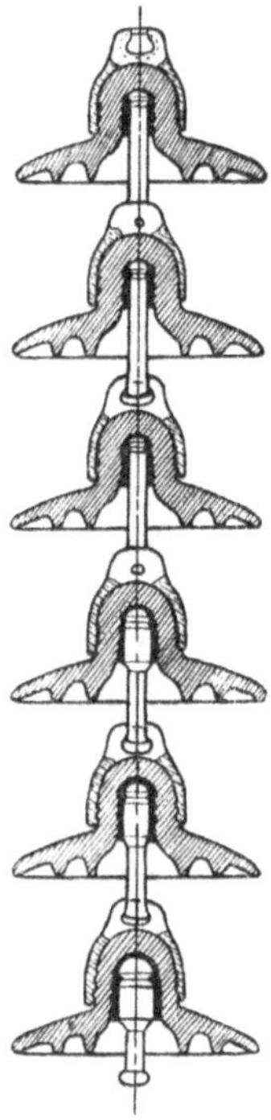

Abb. 44.

Man geht hierbei von der Erwägung aus, daß erstens bei feuchter Luft oder bei Regen die Porzellanflächen leitend werden und dadurch die Spannungsverteilung wesentlich gleichmäßiger wird und daß zweitens dann, wenn überhaupt die Festigkeit des untersten Elementes gefährdet ist, d. h. bei Eintreten abnormer Spannungen, ohnehin die einsetzende Ionisation das gefährdete Element durch Vergrößerung der Eigenkapazität entlastet. Diese Erwägungen scheinen uns bei einer Betriebsspannung bis 110 000 Volt vollständig berechtigt zu sein. Die Erfahrungen haben gelehrt, daß Überbeanspruchungen der am stärksten beanspruchten Elemente in der Praxis nicht eingetreten sind. Etwas anderes ist es, wenn höhere Betriebsspannungen als 110 000 Volt verwendet werden sollen. Bei Verwendung unabgestufter Kappenisolatoren und bei einer angelegten Spannung von 100 000 Volt erhält, wie bereits erwähnt, bei 7 Gliedern das unterste Element etwa 27 000 Volt, das an der Aufhängestelle befindliche Element etwa 10 000 Volt. Eine weitere Erhöhung der Gliederzahl über 7 hinaus entlastet nun das unterste Element so gut wie gar nicht. Wird also die Spannung über 100 000 Volt hinaus erhöht, so wird bei unabgestuften Ketten das unterste Element einen immer höheren Anteil der Gesamtspannung übernehmen müssen. Beispielsweise in der bekannten amerikanischen Anlage Big Greek, Los Angelos, in welcher neunteilige Isolatorketten bei 150 000 Volt verwendet werden, ist die Beanspruchung des der Leitung zunächst befindlichen Isolators 30 Prozent größer als in einer Anlage mit 6 Isolatoren pro Kette bei 110 000 Volt Spannung. Nun beträgt ja die Durchschlagsfestigkeit pro Element 135 000 Volt, die Überschlagsspannung bei Regen etwa 44 000 Volt, so daß das unterste Element auch bei ungünstigster Spannungsverteilung in Hinsicht auf seine Durchschlagsfestigkeit nicht gefährdet ist, jedoch erscheint es notwendig, die auf das unterste Element entfallende Teilspannung wesentlich unter der Regenüberschlagsspannung zu halten. Dies ist bei Spannungen, die wesentlich höher sind als wie 110 000 Volt, nur möglich, wenn die Spannungsverteilung verbessert wird. Dies kann außer der bereits erwähnten Abstufung der Kapazität vor allem durch 2 Mittel erreicht werden. Erstens durch eine Verkürzung der Baulänge des Einzelelementes und zweitens durch die Anwendung von Abschirmmethoden. Die von Stockholms Elektrizitätswerk vorgenommene Anwendung von Hörnern an der Seilklemme hat sich nach den

Mitteilungen des Oberingenieurs Laurell in der Teknisk Tidskrift 1920, Heft 7, ausgezeichnet bewährt. Zahlreiche Prüfungen haben ergeben, daß tatsächlich eine ziemlich gleichmäßige Spannungsverteilung erreicht wird. Die Abschirmung der untersten Isolatoren kann durch einen korbförmigen Aufbau erfolgen. Dies ergibt jedoch den Übelstand, daß der Isolatorabstand zum Eisenmast verringert wird und daß der Korb den Vögeln eine Sitzgelegenheit bietet und hierdurch häufig Erdschlüsse verursacht. Die Abschirmung muß daher hauptsächlich in einer Fläche erfolgen, welche parallel der Leitungsfläche liegt, wird hierdurch allerdings weniger effektvoll. Immerhin wird die Spannungsverteilung nach den Angaben des Oberingenieurs Laurell insoweit verbessert, daß der unterste Isolator nur 18 Prozent mehr Spannung enthält, als prozentual zur Gliederzahl auf ihn Teilspannung kommen würde, während er ohne Abschirmung 60 Prozent mehr als diese Mittelspannung erhält. Diese Verbesserung ist so erheblich, daß der gleiche Verfasser für eine Spannung von 100- bis 250 000 Volt — selbstverständlich bei Anwendung der erwähnten Abschirmmethoden — folgende Zusammenstellung empfiehlt:

Betriebsspannung	100 KV	150 KV	200 KV	250 KV
Isolatoren pro Kette . .	6	9	12	15
Kettenlänge total . . .	1,3 m	1,9 m	2,4 m	3,0 m
Überschlagsspannung. .	240 KV.	360 KV.	480 KV.	600 KV.
Durchschlagsspannung .	1000 KV.	1400 KV.	1800 KV.	2200 KV.
Durchschlagsspannung ohne Abschirmung . .	750 KV.	790 KV.	800 KV.	800 KV.

Nachstehend seien noch die Überschlagsspannungen für normale Hänge- und Kappenisolatoren, sowie für die normalen Hewlett-, Hänge- und -Abspannisolatoren angeführt:

Überschlagswerte[1]):

Glieder	Kappen-Hänge-Isolator naß KV	Kappen-Hänge-Isolator trocken KV	Kappen-Abspann-Isolator naß KV	Kappen-Abspann-Isolator trocken KV	Hewlett-Hänge-Isolator naß KV	Hewlett-Hänge-Isolator trocken KV	Hewlett-Abspann-Isolator naß KV	Hewlett-Abspann-Isolator trocken KV
1	42	86	40	90	30	80	44	94
2	80	150	73	156	55	142	82	163
3	115	214	116	220	80	202	118	228
4	150	272	140	280	104	258	154	289
5	184	328	173	339	128	313	188	347
6	218	380	204	394	151	364	221	400
7	250	430	235	447	174	414	254	450
8	280	476	264	498	196	460	285	495

[1]) Aus der Technischen Kommission der vereinigten Porzellanisol.-Werke.

Betriebskontrolle.

Zur Betriebskontrolle der Hochspannungsisolatoren ist vor allem die elektrische Prüfung notwendig. Nach den Vorschriften des V. D. E. müssen alle Isolatorteile bis zum Überschlag eine Viertelstunde geprüft werden. Dies gilt sowohl für die Einzelteile der zusammenzukittenden Stützisolatoren, als auch für die zusammenglasierten Stützisolatoren und für Hängeisolatoren. Die Prüfungsanordnung muß jeweils so gewählt werden, daß der Isolator möglichst in der gleichen Weise beansprucht wird, wie dies im Betrieb der Fall ist. Alle mit dem Zement in Berührung kommenden Stellen werden in Wasser gestellt, resp. das Stützloch mit Wasser gefüllt. Das Wasser bildet die Elektroden, so daß das Porzellan gleichmäßig elektrisch beansprucht und jeder Fehler, der zwischen den Elektroden liegt, herausgefunden wird, wenn die Prüfung vorschriftsmäßig eine Viertelstunde lang, vom letzten Überschlag gerechnet, bis zur Überschlagsspannung ausgeführt wird. Lediglich beim Hewlett-Abspannisolator ist diese Bedingung nicht ganz einzuhalten. Das Porzellan der Porzellanfabrik Ph. Rosenthal hat eine so hohe Durchschlagsfestigkeit, daß der Hewlett-Hängeisolator in der gleichen Weise eine Viertelstunde lang bis zum Überschlag geprüft werden kann, ohne daß die gesunden Isolatoren dabei defekt werden, da der Trockenüberschlag bereits bei 80 000 Volt liegt. Etwas anderes ist es beim Hewlett-Abspannisolator der normalen Formgebung. Hier liegt der Überschlag trocken bei 95 000 Volt, und es würde doch ein sehr erheblicher Prozentsatz gesunder Isolatoren ausscheiden, wenn auch der Hewlett-Abspannisolator eine Viertelstunde lang bis zum Überschlag geprüft würde. Es genügt, um alle fehlerhaften Isolatoren auszuscheiden, wenn dieser Isolator bis etwa 10 000 Volt vor dem Überschlagen geprüft wird. Bei der Besprechung der Spannungsverteilung wurde bereits darauf hingewiesen, daß selbst ein Spannungsanteil von 45 000 Volt niemals auf den untersten Isolator entfallen kann, so daß selbst bei einer Durchschlagsfestigkeit von 90 000 Volt und der Zugrundelegung eines Spannungsanteils von $33\frac{1}{3}\%$ bei 100000 Volt Betriebsspannung auch der unterste Hewlett-Isolator eine dreifache Sicherheit gegen Durchschlag besitzt. Eine zweite Prüfung wird vorgenommen bei den Isolatoren, die nach der ersten Prüfung zusammengesetzt werden, also bei zusammenzementierten Stützisolatoren und Kappenisolatoren. Die zweite Prüfung ergibt so gut wie gar keine Durchschläge mehr. Dieselbe wird jedoch zur besonderen Sicherheit, bei den Kappenisolatoren durchgängig, bei den Stützisolatoren zu einem großen Prozentsatz, durchgeführt.

Mechanische Prüfungen.

Mechanische Betriebskontrollen sind lediglich bei den Kappenisolatoren notwendig, und zwar werden zunächst die Armaturteile auf ihre mechanische Festigkeit geprüft. In Wirklichkeit ist die Festigkeit der Armaturen wesentlich höher. Der schwächste Punkt ist die Aufhängeöse bei der Kappe, aber auch diese ist bei guter Fabrikation auf jeden Fall einer Belastung von 5000 kg gewachsen. Eine so hohe Prüfung wird nur als Stichprobe vorgenommen. Durch eine laufende Betriebsprüfung auf zirka 2500 kg überzeugen wir uns, daß die Metallarmaturen keine Fabrikationsfehler aufweisen. Die fertig zementierten Hängeisolatoren werden, nachdem sie zementiert sind und genügend abgebunden haben, ebenfalls einer laufenden Prüfung unterworfen. Wir haben umfangreiche Versuche vorgenommen, um festzustellen, ob eine Vorbelastung von 1000 kg und 1600 kg nach 3 Wochen den Isolator irgendwie beschädigt, indem diese Vorbelastung die Durchschlagsfestigkeit oder mechanische Festigkeit herabsetzt. Wir haben uns davon überzeugt, daß dies durchaus nicht der Fall ist und daß man unbedenklich 3 Wochen nach der Einkittung der Armaturteile den Isolator mit 1600 kg belasten darf, ohne seine mechanische Festigkeit herabzusetzen oder seine elektrischen Eigenschaften ungünstig zu beeinflussen. Eine höhere Prüfung als die Betriebskontrolle ist jedoch vollständig überflüssig, da eine Betriebskontrolle von 1600 kg vollständig ausreichend ist. Im allgemeinen kann behauptet werden, daß der Isolator bis nahe an die Bruchgrenze mechanisch belastet werden darf, ohne daß das Porzellan Schaden leidet oder daß das System Eisen-Zement-Porzellan an Festigkeit verliert, doch sei wiederholt, daß derartige unnötige Beanspruchungen als Betriebskontrolle zu verwerfen sind. Im übrigen wird die mechanische Prüfung als Betriebskontrolle nur zur Prüfung des Zements vorgenommen.

Prüfung auf Beschaffenheit des Porzellanscherbens.

Eine Betriebskontrolle, um festzustellen, ob der Porzellanscherben vollständig durchgebrannt ist, ist bei Hochspannungsisolatoren, welche elektrisch geprüft werden, vollständig überflüssig, da auf jeden Fall der Scherben so dicht ist, daß rote Tinte von dem Porzellan nicht aufgesaugt wird. Zur Feststellung, ob ein Porzellan dicht ist, tupft man einige Tropfen rote Tinte auf die Porzellanbruchstelle. Wenn man nach dem Eintauchen der Porzellanbruchstelle in Wasser noch eine sichtbare rote Stelle zurückbehält, so ist dies ein Zeichen, daß die rote Tinte angesaugt worden ist. Derartig poröses Porzellan würde jedoch der elektrischen Hochspannung gegenüber nicht im geringsten widerstandsfähig sein, so daß praktisch eine derartige Prüfung des Porzellanscherbens nicht in Frage kommen kann. Ein Kennzeichen hochgebrannten Porzellans ist jedoch die Bildung von Sillimanitkristallen. Wenn man sich überzeugen wll, ob ein Porzellan über Segerkegel 12 gebrannt ist, so kann man sich einen Dünnschliff machen lassen und mit Hilfe des Mikroskops feststellen, ob sich Sillimanitkristalle gebildet haben oder nicht. Bekanntlich befinden sich selbst in vollständig versintertem und dichtgebranntem Weichporzellan unterhalb SK. 11 bis 12 nur sehr wenig Sillimanitkristalle, die sich erst bei längerer Erhitzung auf SK 14 in der für Hartporzellan charakteristischen Weise auskristallisieren. Der Grad der Bildung der Sillimanitkristalle ist daher ein Kennzeichen für die Temperatur, bei der ein Porzellan gar gebrannt worden ist.

Die elektrische und mechanische Festigkeit des Porzellans.

In den Laboratorien der Porzellanfabrik Ph. Rosenthal & Co. A.-G. wurden zahlreiche Versuche vorgenommen, um die elektrischen und mechanischen Eigenschaften des Porzellans zu bestimmen und zu verbessern. An dieser Stelle mögen nun die Eigenschaften des Porzellans beschrieben sein, welche zur zeit für Hochspannungsisolatoren bei Rosenthal verwendet wird. Die Durchschlagsfestigkeit steht, wie bereits früher erwähnt wurde, nicht in Proportion zu der Dicke des Scherbens, sondern sie wächst wesentlich weniger stark an, so daß bei einer dicken Scherbenstärke die Durchschlagsfestigkeit pro mm Wandstärke eine geringere ist als wie bei einer dünnen Wandstärke. Dies hängt in erster Linie damit zusammen, daß die dicken Porzellanscherben nicht so vollständig frei von eingeschlossenen Luftbläschen hergestellt werden können als wie dünnwandige Porzellanscherben. Abb. 45 zeigt, wie die Durchschlagsfestigkeit im Verhältnis zur Wandstärke zunimmt. Die Durchschlagsfestigkeit wurde unter Öl gemessen mit flachen, an den Rändern abgerundeten Elektroden. Das untersuchte Porzellan hatte plattenförmige Gestalt und war bei den größeren Scherbenstärken mit Wülsten versehen, um einen Überschlag unter Öl zu verhindern. Aus meinen früheren Veröffentlichungen ist es bekannt, daß das Porzellan eine um so bessere Durchschlagsfestigkeit besitzt, je gleichmäßiger die Masse verarbeitet und je besser sie durchgebrannt ist. Ein Überfeuern ist ebenso schädlich wie ein Nichtgarbrennen[1]).

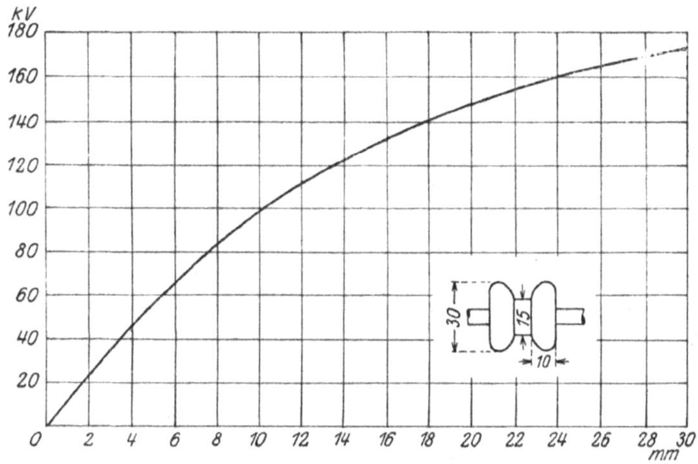

Abb. 45.

Die mechanischen Eigenschaften des Porzellans.

An dieser Stelle seien wieder nur die Eigenschaften des Porzellans angeführt, das bei Rosenthal für Hochspannungsisolatoren verwendet wird:

Druckfestigkeit	ca. 5000	kg/qcm
Zugfestigkeit	261	kg/qcm
Torsionsfestigkeit	500	kg/qcm
Biegefestigkeit	540	kg/qcm
Schlagbiegefestigkeit	0,95	cmkg/qcm
Schlagdruckfestigkeit	109	cmkg/qcm
Materialverlust beim Sandstrahlgebläseversuch nach Gary	3,3	ccm
Scherfestigkeit	500	kg/qcm

Es sei kurz beschrieben, wie die einzelnen Versuchskörper beschaffen waren. Die Druckfestigkeit wurde bestimmt an voll-

[1]) Dr.-Ing. Ernst Rosenthal, Die technischen Eigenschaften des Porzellans, 1915. Verlag Gerh. Stalling, Oldenburg.

ständig plangeschliffenen würfelförmigen Druckkörpern. Die Zugfestigkeit wurde bestimmt an Versuchskörpern, welche etwa einer rotierenden 8 entsprechen würden. Zur Feststellung des geeignetsten Versuchskörpers, welche die gleichmäßigsten Resultate ergibt, waren zahlreiche Versuche vorhergegangen. Stäbe in Form der Knüppelisolatoren ergaben ungleichmäßige Werte, auch wenn die Knüppel sehr kurz waren und starke Durchmesser besaßen. Es wurde also ein Körper verwendet, ähnlich wie die Zerreißkörper, die bei den Zementprüfungen verwendet werden, jedoch als Rotationskörper ausgebildet. Die kurze Länge und der stark verkleinerte

Abb. 46.

Querschnitt in der Mitte, sowie die Möglichkeit, den ganzen Körper exakt herzustellen, ergaben verhältnismäßig gleichmäßige Versuchsergebnisse. Zur Feststellung der Torsionsfestigkeit wurden Stäbe von 10 cm Länge, 1,5 cm Höhe und 1,5 cm Breite nach den Methoden der Präzisionsmechanik geschliffen. Der Versuch wurde in einer 6 mkg Torsionsmaschine, Bauart Amsler-Laffon, vorgenommen. Die abgedrehten Versuchskörper sind in Abb. 46 abgebildet. Die Schlagbiegefestigkeit wurde mit dem Pendelhammer festgestellt und dazu Stäbe von kreisrundem Querschnitt von 15,88 mm Durchmesser verwendet. Die Schlagdruckfestigkeit wurde mittels Fallgewicht ermittelt, indem ein Fallbär von 60 kg auf einen Porzellanzylinder von 5 cm Durchmesser und 5 cm Höhe aus einer solchen Höhe fallen gelassen wurde, daß der Versuchskörper eben noch mit einem Schlage zu Bruche ging. Es hat sich gezeigt, daß die Größe des Porzellanzylinders gleichgültig ist, wenn die geleistete Schlagarbeit auf ccm umgerechnet wird. Die Scherfestigkeit wurde gemessen mittels nach den Methoden der Präzisionsmechanik vollständig plangeschliffener Platten. durch welche

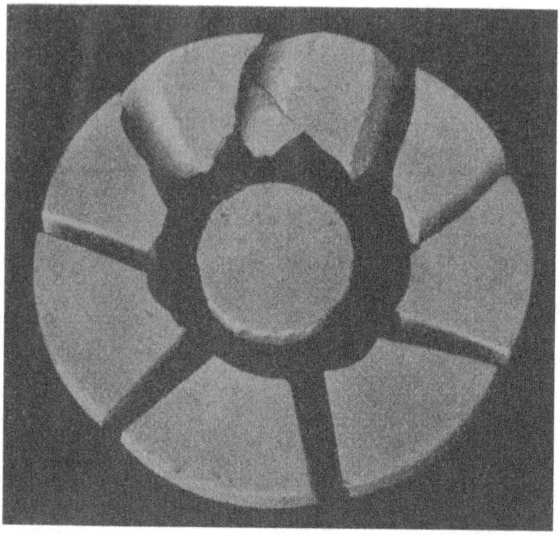

Abb. 47.

mit einer hydraulischen Stanze ein Loch durchgestanzt wurde. Einen Versuchskörper, an welchem diese Probe vorgenommen wurde, zeigt Abb. 47. Die Biegefestigkeit wurde an Stäben von 15,88 mm Durchmesser gemessen, indem die Stäbe an 2 Auflagepunkten von 40 cm Abstand in die Maschine eingespannt und in der Mitte durch Einzellast stufenweise bis zum Bruch belastet wurden. Die gleichmäßigsten Resultate und die größten Unterschiede zwischen den einzelnen Porzellansorten lassen sich bei den Schlagprüfungen nachweisen.

GPSR Compliance

The European Union's (EU) General Product Safety Regulation (GPSR) is a set of rules that requires consumer products to be safe and our obligations to ensure this.

If you have any concerns about our products, you can contact us on ProductSafety@springernature.com

In case Publisher is established outside the EU, the EU authorized representative is:

Springer Nature Customer Service Center GmbH
Europaplatz 3
69115 Heidelberg, Germany

Batch number: 10682323

Printed by Printforce, the Netherlands